JACQUES VÉCHOT

INGÉNIEUR-CHIMISTE
DIPLOMÉ DE L'ÉCOLE SUPÉRIEURE DE CHIMIE DE MULHOUSE

ÉTUDE
SUR LES
SELS DE PIASÉLÉNAZONIUM

PARIS
LES PRESSES UNIVERSITAIRES DE FRANCE
49, BOULEVARD SAINT-MICHEL

1924

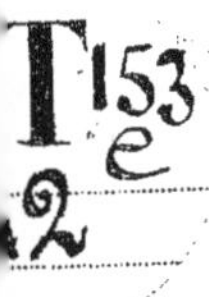

JACQUES VÉCHOT
INGÉNIEUR-CHIMISTE
DIPLOMÉ DE L'ÉCOLE SUPÉRIEURE DE CHIMIE DE MULHOUSE

ÉTUDE
SUR LES
SELS DE PIASÉLÉNAZONIUM

PARIS
LES PRESSES UNIVERSITAIRES DE FRANCE
49, BOULEVARD SAINT-MICHEL

1924

« A MES CHERS PARENTS »

AVANT PROPOS

« Ce travail a été exécuté au laboratoire de l'Ecole « supérieure de Chimie de Mulhouse, à l'instigation de « M. le professeur Battegay, au cours des années 1922- « 23 et 1923-24.

« Qu'il me soit permis d'exprimer ici ma reconnais- « sance à M. Battegay, qui n'a cessé de me témoigner « une parfaite bienveillance.

« Je remercie aussi mes professeurs, en particulier « M. le Directeur Wild, pour l'enseignement qu'ils « m'ont donné pendant les débuts de mes études à « l'école.

« La partie spectrophotométrique de ce travail a été « exécutée à l'Institut de Physique Biologique de la « Faculté de Médecine de Strasbourg, sous la direction « de M. le professeur Vlès, que je tiens à remercier ici « pour son bienveillant accueil. »

Abréviations bibliographiques.

B. : Berliner Berichte.
Ann. : Annalen der Chimie.
D. R. P. : Brevet allemand.
A. P. : Brevet américain.
E. P. : Brevet anglais.
Fr. P. : Brevet français.
Bull. Soc. Chim. : Bulletin de la Société Chimique de France.
C. : Centralblatt.
C. R. : Comptes rendus de l'académie des sciences.
H. C. A. : Helvetica chemica acta

INTRODUCTION

La réaction qui permet de condenser l'anhydride sélénieux avec les ortho-diamines (1), peut être considérée comme similaire de la condensation des α dicétones ou ortho-quinones avec ces mêmes diamines qui donne naissance aux quinoxalines et aux azines.

Les produits séléniés résultant de cette réaction, les piasélénols, seraient de ce point de vue, soit des quinoxalines dans lesquelles un atome de sélénium occupe la place du radical dicétonique, soit des azines où le sélénium se substitue à un groupe benzénique.

Les quinoxalines et les azines étant de puissants chromogènes, il devait en être de même pour les piasélénols.

Dans l'aminopiasélénol (2), et l'oxypiasélénol (3), nous avons d'ailleurs des exemples qui illustrent la puissance du chromogène et l'influence qu'exerce l'introduction d'un groupe auxochrome, puisque ces composés sont décrits comme étant respectivement rouge brun et jaune brun.

(1) Hinsberg, *B.* 22, p. 862.
(2) Hinsberg, *B.* 22, p. 2.895.
(3) Friedlander 1912-1914, p. 1126.

Les piasélénols constituent des substances à propriétés basiques dont les sels sont déjà hydrolisés par l'eau en reformant la base presque insoluble; les sels de l'aminopiasélénol sont également peu stables.

Partant de ces considérations, et, d'autre part, du désir de préparer des combinaisons séléniées dont les sels seraient solubles dans l'eau sans décomposition, nous nous sommes posés le problème de trouver des piasélénols, qui par leur solubilité permettent l'examen de propriétés tinctoriales éventuelles.

De plus, il y a lieu d'envisager un intérêt thérapeutique possible.

La littérature des brevets (1). nous renseigne au sujet de certains efforts faits pour la réalisation de piasélénols solubles dans les alcalis aqueux en appliquant les principes de la réaction d'Hinsberg à des diamines hydroxylées, carboxylées et sulfonées dans la série benzénique et naphtalénique.

Nous avons réalisé la solution du problème, d'une façon différente.

Conformément au parallélisme effleuré plus haut, il devait exister des composés cyclazoniums stables et solubles dérivant des piasélénols et similaires des sels cyclazoniums des quinoxalines et azines.

Dans la présente étude, nous donnons le mode d'obtention des composés séléniés de ce genre. Nous les préparons par condensation de l'acide sélénieux avec les chlorhydrates de l'ortho-aminodiphénylamine et de ses dérivés. La combinaison la plus simple correspond au chlorure de phénylphénazonium.

(1) D. R. P. 261.412. A. P. 1.074.425. E. P. 3.042. Fr. P. 455, 148. C. 1912-2, p. 192.

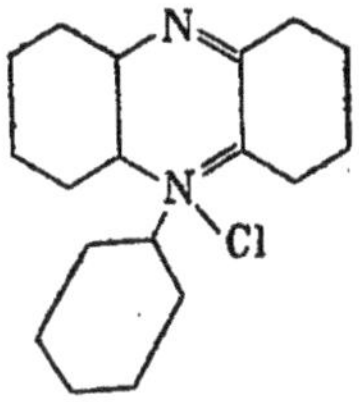

Elle résulte de l'emploi de l'ortho-aminodiphényl-amine, et sa constitution répondrait, par analogie, à la formule suivante :

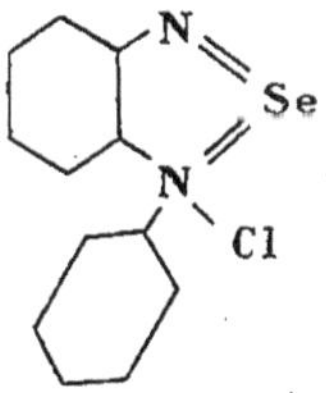

La première partie de notre travail essaie de généraliser cette réaction en préparant un certain nombre de dérivés différents.

Dans un deuxième chapitre, nous examinons les propriétés tinctoriales, et dans un troisième et dernier, nous essayons, par une étude de spectrophotométrie, d'établir les relations qui pourraient exister au point de vue de la constitution entre ces sels de piasélénazonium et les sels de phénazonium.

Cette étude nous a donné, en outre, l'occasion de préparer quelques diphénylamines intéressantes et non encore étudiées; la description de ces recherches est comprise dans le premier chapitre.

Nous nous en sommes rapporté à la compétence de M. le Professeur FOURNEAU, pour un examen des sels de piasélénazonium au point de vue thérapeutique.

PARTIE THEORIQUE

Historique

La première communication faite par Hinsberg sur sa découverte des piasélénols, date du 20 mars 1885 (1).

Cet auteur fait réagir les orthodiamines sur l'acide sélénieux.

La réaction qui a lieu est semblable à la condensation des orthodiamines avec les α dicétones et orthoquinones :

$$C_6H_4\,(NH_2)^2 + \begin{array}{l} CO\text{-}R \\ | \\ CO\text{-}R \end{array} \longrightarrow C_6H_4 \begin{array}{l} \diagup N = C\text{-}R \\ \quad\quad\quad\; | \\ \diagdown N = C\text{-}R \end{array} + 2H_2O$$

$$C_6H_4\,(NH_2)^2 + \begin{array}{l} O \\ O \end{array} \!\!> Se \rightarrow C_6H_4N_2Se + 2H_2O$$

Dans cette première publication, suivie de deux autres (2), Hinsberg étend cette réaction à des orthodiamines substituées. Il prépare et étudie ainsi le piasélénol, le méthylpiasélénol, le naphtopiasélénol. Nous parlerons ultérieurement du composé qu'il nomme iode-

(1) *B.* 22-862.
(2) *B.* 22.2895 et 23-1395.

méthylate de méthylpiasélénol, qui fera l'objet d'une mention spéciale.

L'observation de Wassermann (1), d'après laquelle les composés organiques séléniés qu'il avait obtenus (par action du sélénocyanure de potassium sur le sel sodique de l'éosine), exercent une action chez les animaux sur les cellules du cancer, a suggéré la préparation de nombreux dérivés séléniés qui ont été soumis apparemment à l'examen d'une action thérapeutique dans le sens indiqué.

Nous trouvons ainsi qu'Emile Fischer recherche et isole des piasélénols qui sont solubles dans les alcalis aqueux, contrairement aux produits insolubles de Hinsberg.

Ce sont des dérivés de nature acide formant des sels alcalins solubles dans l'eau et qui, en raison de cette solubilité, sont éventuellement utilisables pour des injections sous-cutanées ou intra-veineuses .

Ces produits de Fischer font l'objet d'un brevet américain appartenant aux établissements v. Fr. Bayer et Cie, à Elberfeld (2).

Emile Fischer a appliqué la réaction de Hinsberg aux dérivés hydroxylés, carboxylés et sulfonés des orthodiamines aromatiques.

Il est intéressant de signaler l'oxypiasélénol qui a été obtenu en partant de la paraoxyorthophénylènediamine et qui constitue des aiguilles jaune brun.

(1) *D. R. P.* 261.556.
(2) A. P. 1.074.425. Ce même brevet a été pris en Europe sous le nom du docteur Félix Heinemann D. R. P. 261.412. E. P. 3.042. Fr. P. 455.148.

Son brevet mentionne encore l'acide 2-3-piasélénol-1- carbonique, l'acide 3-4 piasélénol-1-carbonique, l'acide 2-3 piasélénol-4 méthyl. 5-amino-1-sulfonique, l'acide 1-2 naphtopiasélénol 5-7 di sulfonique (1).

Egalement dans le but d'obtenir des piasélénols solubles, nous avons réalisé une autre solution du problème.

Nous avons réussi à isoler des dérivés du piasélénol typique où, grâce au passage de la trivalence à la pentavalence de l'un des atomes d'azote fondamentaux, nous créons des composés de la nature d'un sel d'azonium.

Hinsberg (2), avait également fait des efforts dans cet ordre d'idée, sans toutefois y réussir. Il avait essayé en premier lieu d'additionner de l'iodure de méthyle sur un homologue du piasélénol, en l'occurrence le méthylpiasélénol.

Il faisait réagir sur ce dernier de l'iodure de méthyle en tube scellé à 100° pendant plusieurs heures. Il obtenait, dans ces conditions, avec de très mauvais rendements, un composé d'aspect métallique brun, dif-

(1) La numérotation employée par Fischer est illustrée par les formules de ces deux derniers dérivés.

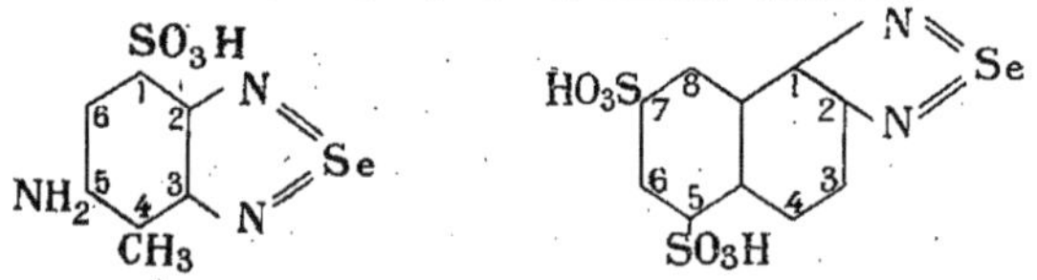

Puisque nous n'aurons plus l'occasion de parler de ces composés, nous avons jugé bon de conserver ici la numérotation de l'auteur, bien qu'elle diffère de celle que nous avons adoptée pour les piasélénazoniums, qui est décrite page 36.

(2) *B.* 22-865.

ficilement soluble, qu'il appelle iodométhylate de méthypiasélénol et qu'il suppose être identique avec le périodure méthylate de méthylpiasélénol. Cet auteur fut amené à cette supposition par les essais suivants :

En traitant la monométhylortholuylènediamine **à l'état de base** par l'acide sélénieux en solution aqueuse, il obtint une solution rouge qu'il considère comme contenant la base hydroxylamonium (?). Il en sépara par addition d'acide iodhydrique, des cristaux brun ou bleu noir brillants, qu'il ne put recristalliser que d'une solution d'iodure de potassium. Le produit obtenu indique une proportion d'iode de 69,8 et 70,1 p. 100, et l'auteur lui suppose la composition $(C_7H_6N_2SeCH_3)\ I_3IH$ qui correspondrait à 70,38 p. 100 d'iode.

Constitution

Les piasélénols en général et les dérivés qui font l'objet de la présente étude, peuvent être considérés comme dérivant de la substance mère (1)

$$\begin{array}{l} CH - N \\ \| \\ CH - N \end{array} \!\!\gg\! Se \quad \text{respectivement} \quad \begin{array}{l} CH = N \\ | \\ CH = N \end{array} \!\!> Se$$

qui peut à son tour être mise en parallèle avec le furazane :

$$\begin{array}{l} CH = N \\ | \\ CH = N \end{array} \!\!> O$$

(1) Nous poursuivons en ce moment des travaux dans le but d'isoler le produit dihydré correspondant par condensation avec l'acide sélénieux.

et le composé soufré correspondant le paradiazthiol.

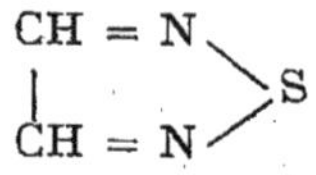

$$\begin{array}{l} CH = N \diagdown \\ | \qquad\qquad\quad > S \\ CH = N \diagup \end{array}$$

C'est d'après la désignation de ce dernier composé qu'en concordance avec la nomenclature de Widmann, les dénominations abrégées piazthiol et piasélénol ont été formées (1). Cependant, les noms piazthiol et piasélénol, qui, d'après cette nomenclature, devraient correspondre au système hétérocyclique pentaatomique ci-dessus, ont été utilisés par Hinsberg pour désigner les composés qui seraient logiquement dénommés benzopiazthiol et benzopiasélénol.

Cette désignation a été adoptée depuis lors.

Jusqu'à ce jour on ne connaissait que des piasélénols bicycliques, c'est-à-dire où le système sélénodiazol est soudé à un noyau benzénique ou naphtalénique.

Au radical cyclisé qui prend ainsi naissance, on peut assigner les formules de constitution suivantes, si nous faisons abstraction des possibilités dictées par la conception d'une formule centrique (2).

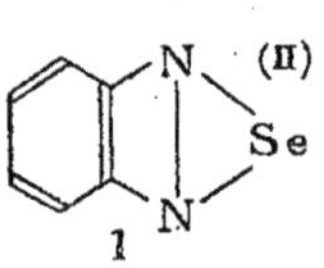

N (II) Se N 1 — N (II) Se N 2 — N (IV) Se N 3

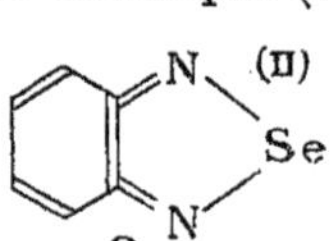

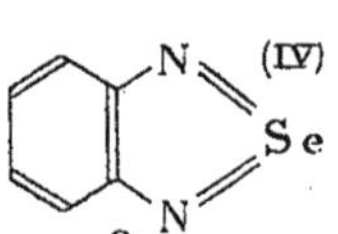

La formule 1, parfaitement admissible pour le

(1) La terminaison ol, doit exprimer un cycle pentaatomique. Paradiaz ou plus simplement piaz, signifie deux atomes d'N dans la position para, c'est-à-dire séparés par deux carbones. Thio ou séléno indique un atome de soufre ou de sélénium.

(2) V. Meyer-Jacobson. Tome II, 3e partie, p. 656.

piasélénol le plus simple, devient insuffisante quand on essaye de l'employer pour représenter la formation des sels. Le piasélénol, en effet, possède des propriétés basiques. Sous forme de base, il constitue une substance blanche qui se dissout dans les acides en donnant des solutions colorées en jaune que Hinsberg avait déjà observées. Cet auteur, sans avoir isolé ces combinaisons colorées, y voyait cependant un phénomène de salification. Nous avons pu confirmer cette manière de voir en isolant un de ces sels : le perchlorate qui se présente sous forme de magnifiques cristaux jaune canari. Ce perchlorate partage la propriété de tous les autres sels de piasélénol; il est hydrolisé par l'eau en reformant la base presque insoluble.

Cette coloration jaune canari ne peut évidemment guère trouver une expression dans la formule 1 pour laquelle la fixation du groupe acide n'entraînerait pas un groupement justifiant la coloration constatée, à moins d'y voir un phénomène d'halochromie, que nous toucherons d'un mot plus loin.

Cette formule 1 devra, en outre, être écartée comme peu vraisemblable pour exprimer la forte coloration des amino et oxypiasélénols respectivement colorés en rouge brun et jaune brun.

En admettant la formule 1 pour le piasélénol non substitué à l'état de base, nous croyons devoir la rejeter pour adopter de préférence les formules 2 et 3 dès que nous envisageons la constitution des sels ou la structure des dérivés substitués mentionnés ci-dessus.

A priori, il semble difficile, en adoptant l'éventualité des formules 2 et 3, de trouver des arguments qui décideraient définitivement de l'adoption de l'une plutôt que de l'autre de ces deux formules.

Toutes deux sont, en effet, satisfaisantes pour exprimer l'obtention de piasélénols et la coloration due à la formation de sels ou à l'introduction d'un groupe auxochrome.

Il est cependant à remarquer que l'anhydride sélénieux est toujours considéré comme répondant à la formule ci-dessous; dans l'acide sélénieux lui-même, le Se ne peut être que tétravalent (1).

$$\mathrm{Se}\!\begin{array}{l} = \mathrm{O} \\ = \mathrm{O}\end{array} \qquad\qquad \mathrm{Se}\!\begin{array}{l} - \mathrm{OH} \\ = \mathrm{O} \\ - \mathrm{OH}\end{array}$$

Représenté par les formules 2 ou 3, le piasélénol constituerait un chromogène incolore tout à fait similaire de la quinoxaline, du phénylbenzthiazol, du stilbène, de l'anthracène et de l'anthraquinone (2), dans lesquels l'introduction d'un groupe auxochrome rend la couleur perceptible à l'œil nu.

La comparaison avec la quinoxaline militerait évidemment en faveur de la formule 3 puisque l'atome de sélénium y remplacerait le radical α dicétonique.

Nous verrons plus loin les arguments qui nous ont amené à adopter effectivement cette troisième formule.

(1) Gmelin Kraut, t. I, vol. 1, p. 766.
Michaelis et Landmann B. 13-656, 20-625.
D'ailleurs, la forme « Se tétravalent » est la plus stable : l'acide sélénique ou le Se est hexavalent, ne résiste même pas à l'action de l'acide chlorhydrique dilué qui donne naissance à l'acide sélénieux avec dégagement de chlore.

(2) M. Battegay, *Etude sur l'Anthraquinone. — Actualités de la chimie contemporaine*, A. Haller, 2e série 1924, p. 135.

Provisoirement, nous voulons étudier aussi bien avec l'une qu'avec l'autre formule, la structure des sels.

Dans la partie expérimentale, nous démontrons que le perchlorate du piasélénol est le résultat d'une combinaison équimoléculaire et l'on peut considérer que la molécule d'acide se fixe soit au sélénium, soit à l'azote; la formation des sels par l'intermédiaire d'un atome d'azote peut paraître plus logique par analogie avec la formation de tous les composés azotés où l'azote constitue l'atome fondamental en passant de la trivalence à la pentavalence. L'NH_r forme ainsi les sels d'ammonium, la phénazine les sels de phénazonium.

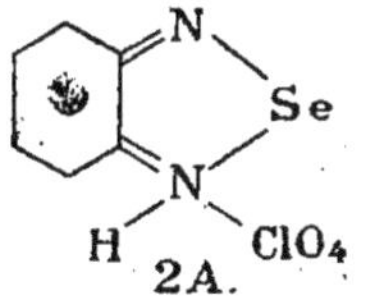

N Se N H ClO4
2A.

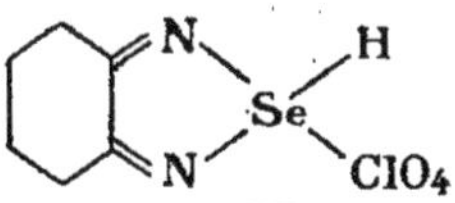

N H Se N ClO4
2B.

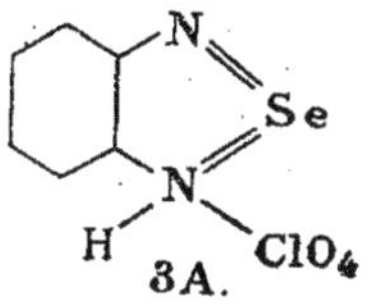

N Se N H ClO4
3A.

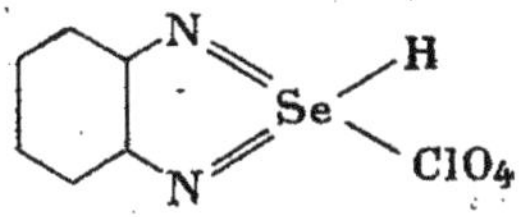

N Se H N ClO4
3B.

Dans le cas d'une fixation au sélénium, celui-ci deviendrait tétravalent ou hexavalent, suivant qu'on envisage la formule 2 B ou 3 B.

Cette hypothèse place implicitement le Se à côté de l'O et du S, qui sont à même de fournir de nombreux sels oxoniums et thioniums dérivant des bases OH_3I et SH_3I.

Si l'on se base sur ce point de vue et sur le fait que la forme stable pour le Se est la forme « Se trétavalent », nous ne pourrions envisager que la formule 2 B.

Cette formulation est difficile à rendre compatible avec les arguments appuyés par les essais expérimentaux signalés plus bas.

D'autre part, il faudrait pouvoir envisager évidemment l'existence de sels similaires obtenus par addition d'halogénures d'alcoyle faisant fonction d'une molécule équivalente d'acide.

La synthèse de ce genre de sels a déjà été prise en considération par Hinsberg, ainsi qu'en témoigne son essai mentionné plus haut, de préparer le iodométhylate de méthylpiasélénol. Cet essai, peu concluant, a été repris par nous et confirme les difficultés rencontrées par cet auteur. Nous avons préféré employer une autre voie qui nous a précisément permis de rejeter et d'infirmer l'hypothèse d'une fixation de la molécule d'acide sur le sélénium.

Nous avons obtenu des dérivés salins pour lesquels la notation atomique n'est évidemment pas douteuse, puisque ces composés s'obtiennent par action de l'acide sélénieux sur les chlorhydrates de l'orthoaminodiphénylamine et de ses dérivés.

Il y a dans ce cas une condensation avec élimination d'eau. Pour le cas le plus simple, nous avons

NH_2 ; N^{H}-HCl + $Se(=O)_2$ ⟶ $2H_2O$ + N=Se=N–Cl éventuellement N, N–Cl

Cette condensation se fait en général bien en solution aqueuse en présence d'un léger excès d'acide chlorhydrique. Une élévation de température accélère la réaction. Les produits obtenus sont très stables et supportent des températures élevées. Cette grande stabilité est déjà une propriété remarquable pour les piasélénols simples. Par suite d'un effet d'optique curieux, ces produits à l'état cristallin ont une coloration variant du jaune au bleu suivant les conditions de la recristallisation et l'état de division (1).

Leurs solutions sont colorées en jaune. L'existence de ces combinaisons salines pour lesquelles le radical aryl remplaçant l'atome d'H dans l'acide ne peut être fixé qu'à l'azote, qui devient pentavalent, nous fait déduire pour les sels de piasélénols qui leur ressemble singulièrement, une addition de l'acide à l'azote.

Nous avons ainsi un parallélisme parfait de ces composés avec les sels de la phénazine et du phénylphénazonium.

L'étude des composés séléniés à N pentavalent que nous appelons les sels d'arylpiasélénazoniums nous fournira des arguments favorables pour décider définitivement l'adoption pour le piasélénol de la formule avec un Se tétravalent numérotée 3.

En effet, nous nous trouvons, pour le chlorure du phénylpiasélénazonium, en présence des deux éventualités suivantes :

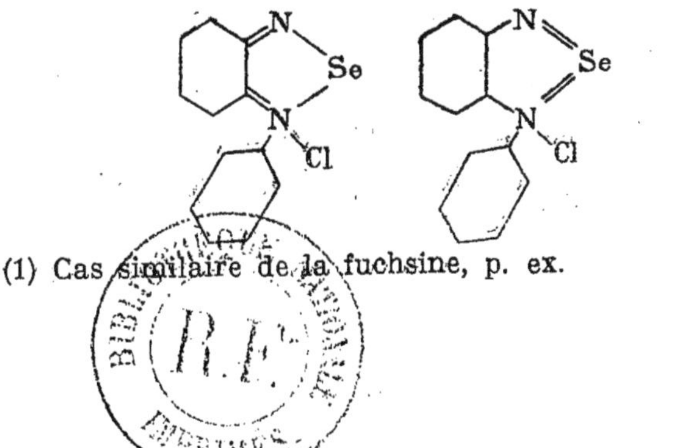

(1) Cas similaire de la fuchsine, p. ex.

Ces deux formules correspondent respectivement aux formules 2 et 3 du piasélénol

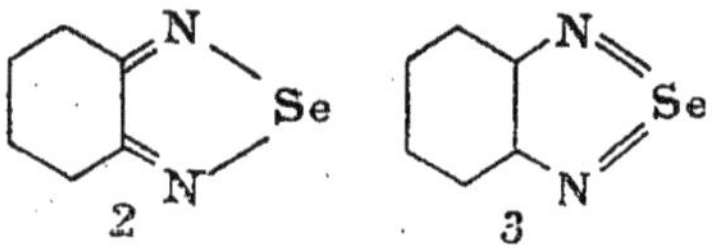

Il en résulte que si nous pouvons adopter l'une de ces deux formules pour les dérivés piasélénazoniums, nous aurons de fait fixé la constitution du piasélénol.

Or, dans la série des sels d'arylpiasélénazoniums, les alcalis ont une action tout à fait particulière.

Il y a d'abord une forte augmentation de la couleur de la solution avec formation simultanée d'un précipité rouge gélatineux. La coloration disparaît ensuite rapidement et ce précipité gélatineux fait place à un précipité blanc d'aspect cristallin qui, séparé, constitue l'orthoaminodiphénylamine.

Nous supposons que la réaction passe par les phases suivantes :

Vraisemblablement, le précipité rouge serait dû à la formation de la base ammonium peu soluble fortement colorée qui correspondrait au composé :

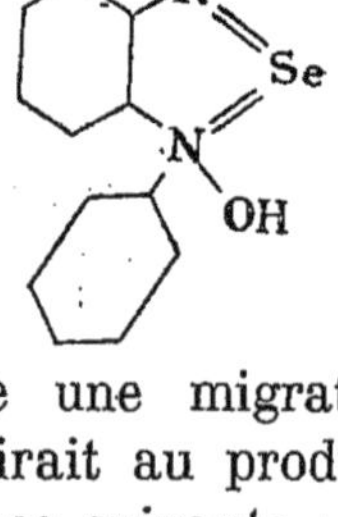

Il y aurait ensuite une migration du groupement hydrozyle qui conduirait au produit hypothétique répondant à la substance suivante :

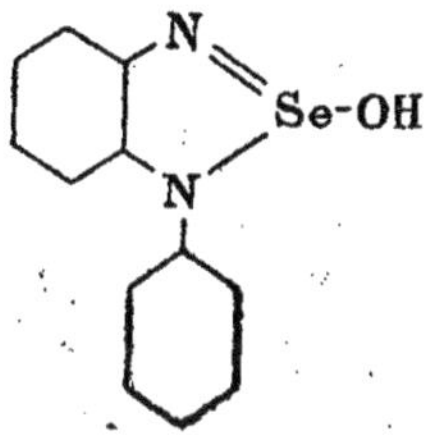

Ce composé tout à fait instable serait de suite hydrolisé en donnant d'une part de l'orthoaminophénylamine insoluble dans l'eau, qui précipite et, d'autre part, le sélénite alcalin qui va en solution.

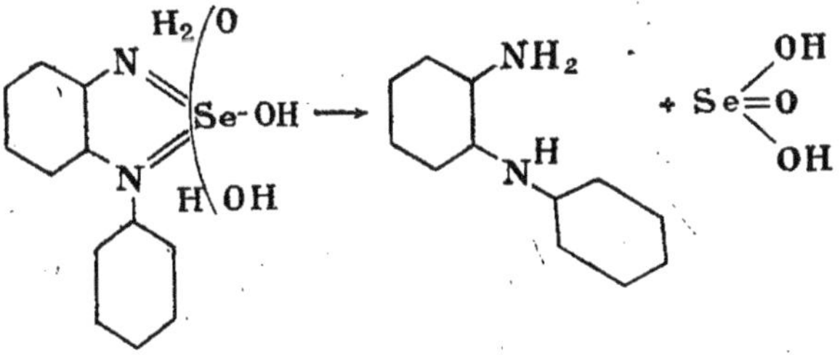

Les propriétés examinées et l'analyse effectuée sur le précipité préalablement recristallisé de l'alcool, ont prouvé que nous étions bien en présence dè l'orthoaminodiphénylamine (1).

D'ailleurs, si nous laissons en présence le précipité et la solution formés lors de cette réaction, il est possible en acidulant de reformer le chlorure du phénylpiasélénazonium, ce qui confirme les faits signalés.

Si cette réaction est mise en parallèle avec celle étudiée par Kehrmann, lorsqu'il soumet le chlorure du

(1) % N calculé 15,5, Pesé 0,1972, Trouvé 27 cm. à 740 millimètres 21° correspondant à 15,22 %.

phénylphénazonium ou ses isologues à l'action de l'alcali (1), nous constatons une concordance parfaite.

Le chlorure du phénylphénazonium, par exemple, sous l'influence de la soude caustique, donne l'aposafranone, les sels de phénylnaphtophénazonium se transforment en rosindone :

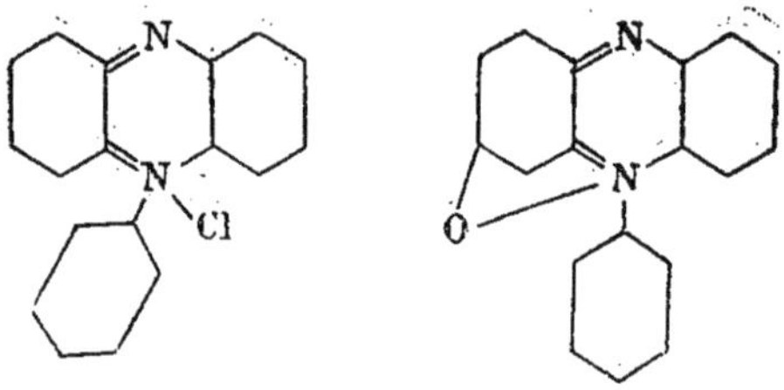

N N Cl N N O

L'hydroxyle fixé sur l'azote azonium subit une migration qui l'oriente vers un noyau benzénique ou naphtalénique ; on est en droit de supposer que cette migration se fait vers le noyau quinonique, c'est-à-dire qui porte les doubles liaisons des deux atomes d'azote.

L'analogie du chlorure de phénylphénazonium et du chlorure de phénylpiasélénazonium autorise, nous semble-t-il, à considérer l'atome de sélénium comme jouant dans ce dernier le rôle du noyau quinonique.

L'hydroxyle de la base ammonium obtenue par l'action des alcalis migre en effet, non pas vers le noyau benzénique, mais vers l'atome de sélénium ; nous en concluons que dans ces sels des arylpiasélénazoniums le sélénium est tétravalent et soudé par ses 4 valences aux 2 atomes d'azote. C'est donc bien la formule repro-

(1) *B.*, 29-2316.
B., 29-2967.
B., 30-3620.

duite ci-dessous qui exprime le mieux les propriétés de ces composés.

Par déduction on peut adopter de même pour le piasélénol le plus simple, la formule 3 :

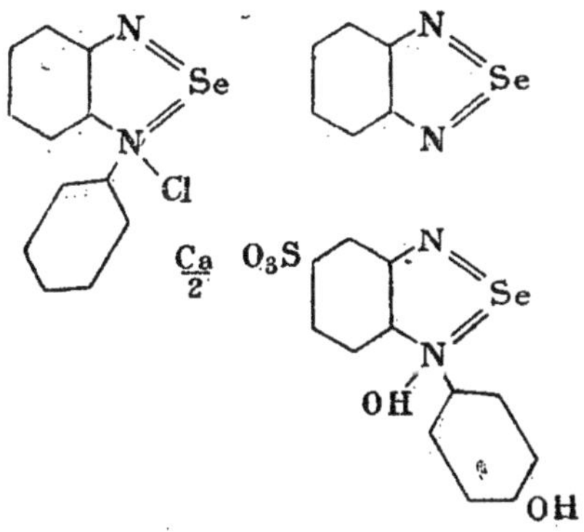

L'hypothèse que nous venons de discuter pour expliquer le mécanisme de la réaction engendrée par les alcalis, a pu être appuyée par le fait d'avoir effectivement isolé la base hydroxylammonium dans le cas de l'hydroxyde du paraoxyphényl 4 sulfonate de calcium piasélénazonium (1).

Le fait pour les sels du piasélénol lui-même de ne pas donner une réaction analogue avec la soude caustique, incite à un examen supplémentaire de ce composé et de ses sels.

La facilité avec laquelle ces sels sont déjà hydrolisés par l'eau, les écarte d'ailleurs quelque peu des véritables sels azoniums, et l'on peut effectivement envi-

(1) Partie expérimentale de ce travail, p. 54.

sager la possibilité d'un phénomène qui se rapproche de celui qu'on qualifie généralement d'halochromie.

De ce point de vue, nous verrions dans le perchlorate et les autres sels des combinaisons moléculaires ressemblant à celles engendrées par exemple par le tétrachlorure d'étain et les cétones.

La synthèse de ces composés donne également naissance à des produits colorés ou à une exaltation de la couleur des composants.

Dans ce cas, nous supposerions que le piasélénol dispose d'une capacité affinitaire avec un centre d'énergie dans un des atomes d'azote qui exerce une attraction sur la molécule acide.

Pour pouvoir fixer définitivement cette molécule acide une fois attirée, l'atome d'azote qui abandonne une certaine quantité d'affinité, l'emprunte sur ses liaisons affinitaires avec les atomes avoisinants. Cet emprunt crée un état de non saturation qui expliquerait évidemment la coloration que nous croyons devoir justifier par des doubles liaisons.

Cette dernière manière de voir (1) n'excluerait plus la formule avec une liaison pontale.

Nous ne voulons pas abandonner cette discussion sur la constitution sans envisager pour les sels des arylpiasélénazoniums la possibilité de représenter leur structure moléculaire en suivant les idées de Werner sur les sels complexes (2).

(1) L'hypothèse d'un phénomène d'holochromie trouve un autre appui dans la coloration franchement jaune du piasélénol dans le phénol et l'aniline.

(2) Fierz, I-210.
Fierz, 55-429.

Le cadre restreint de la présente étude ne nous permet cependant pas provisoirement d'entrer dans les détails de cette conception.

Nous nous bornerons ici à constater que, d'une part, la forte coloration rouge des bases hydroxydes de piasélénazoniums, et, d'autre part, leur instabilité donnant naissance à des composés où l'anion hydroxyl va se loger dans un groupe du cation complexe, sont des arguments favorables pour une conception de ces composés d'après les idées de Werner.

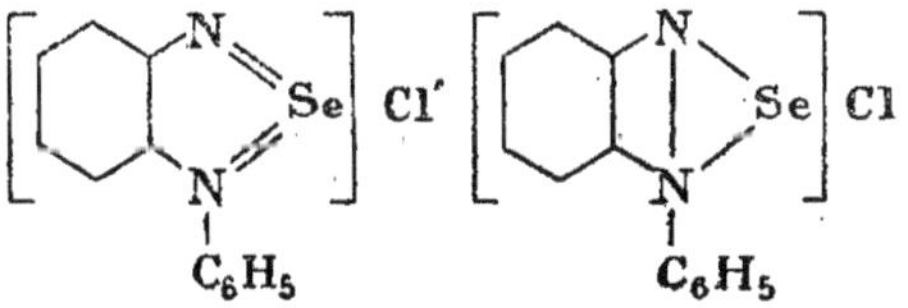

N Se Cl′ N C_6H_5 N Se Cl N C_6H_5

Quelle que soit d'ailleurs la constitution que l'on adopte pour les sels des arylpiasélénazoniums, il est remarquable de constater que l'introduction d'un groupe halogénure d'aryl dans la molécule du piasélénol, par l'intermédiaire d'un atome d'azote, transforme le piasélénol incolore en une combinaison fortement colorée qui possède, comme nous le démontrons dans la partie expérimentale, des propriétés tinctoriales.

Les sels des arylpiasélénazoniums se placent ainsi à côté des sels de certains phénylarylphénazonium, comme, par exemple, la flavinduline.

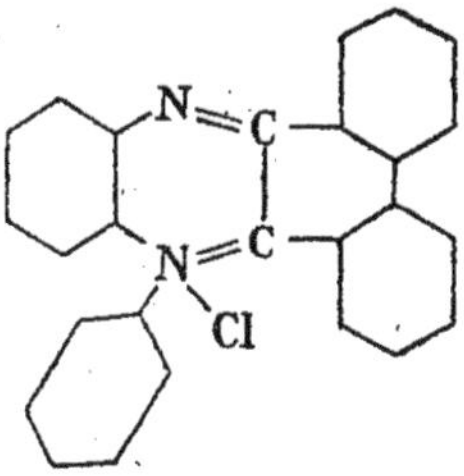

N=C N=C Cl

Nous y voyons également une molécule puissamment colorée en jaune et douée de propriétés tinctoriales, exploitées, d'ailleurs, industriellement, malgré l'absence totale de tout groupement qualifié habituellement d'auxochrome.

Propriétés tinctoriales des sels d'aryl piasélénazonium. — Les sels d'aryl piasélénazonium que nous avons préparés se dissolvent dans l'eau en donnant des solutions dont la couleur varie du jaune au rouge.

Pour faire des teintures comparatives sur coton tanné, laine et soie nous avons employé :

Pour 1 gr. de fibre :

0,04 de colorant,

150 cm^3 d'eau,

quelques gouttes d'acide acétique à 50 p. 100.

Le coton et la laine sont entrés à tiède puis la température est élevée jusqu'à l'ébulition que l'on entretient pendant une demi-heure.

La soie est teinte en présence de savon de grès dans un bain dont la température varie de 40° à 90° température maxima qui est maintenue une demi-heure.

La teinture est suivie d'un rinçage dans l'eau à 40°. La solidité au savon est très faible. Les bains ne sont pas épuisés.

Le composé le plus simple chlorure du phényl piasélénazonium teint le coton tanné, la laine et la soie en un brun pâle légèrement violacé. L'introduction d'un Cl dans le noyau ne modifie pas sensiblement la couleur.

Au contraire, un groupement nitro donne des nuances beaucoup plus jaunes. La couleur est légèrement affaiblie par un groupe sulfo et, au contraire, renforcée par un hydroxyl, sans que la tonalité soit grandement modifiée.

Les résultats de ces essais de teinture sont réunis dans un tableau. Les qualificatifs employés pour décrire la couleur ne peuvent être pris dans un sens absolu, mais servent de termes de comparaison.

TEINTURE DES SELS D'ARYL PIASELENAZONIUMS

	COTON TANNE	SOIE	LAINE
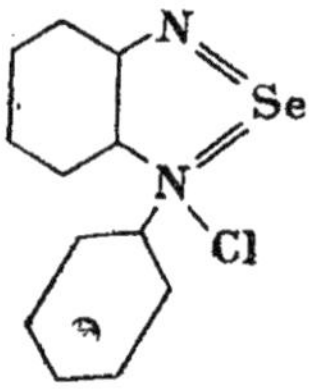	Brun violacé pâle	Brun violacé pâle	Brun violacé
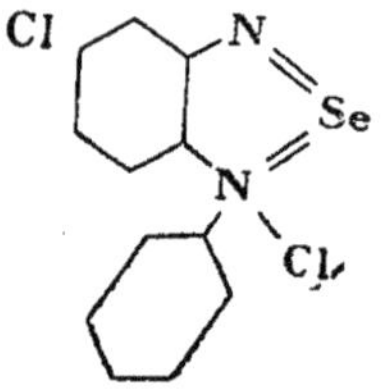	Brun pâle légèrement jaunâtre	Rose violacé	Jaune bru
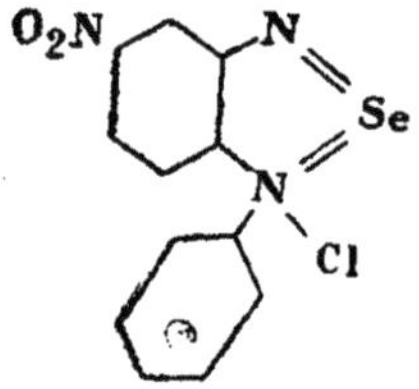	Jaune légèrement brun	Jaune orangé	Orangé
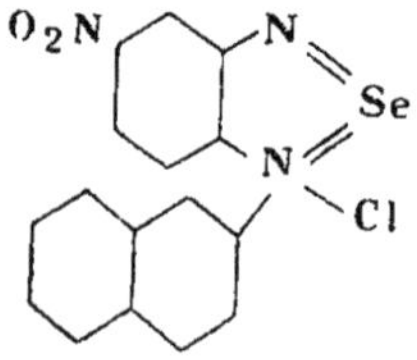	Jaune Brun	Jaune orangé	Orangé br

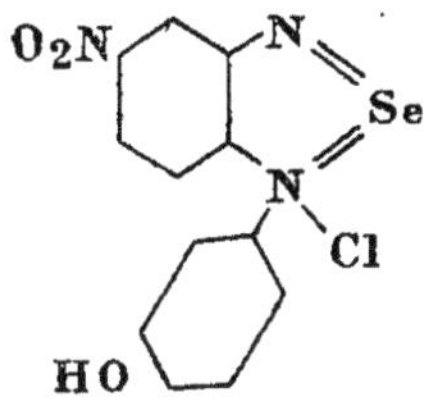 O_2N N Se N Cl HO	Brun terreux	Brun orangé	Brun orangé
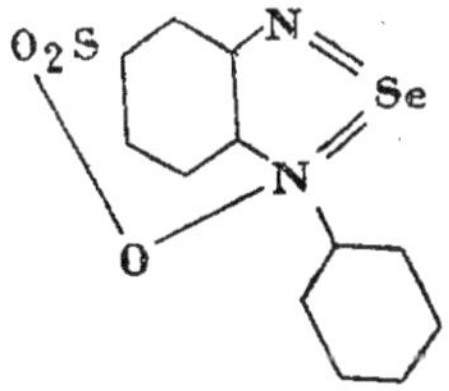 O_2S N Se N O	Gris beige	Beige violacé	Brun
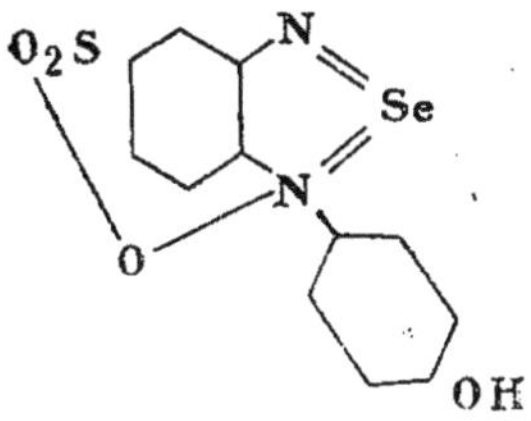 O_2S N Se N O OH	Gris beige	Rose violet	Brun violet
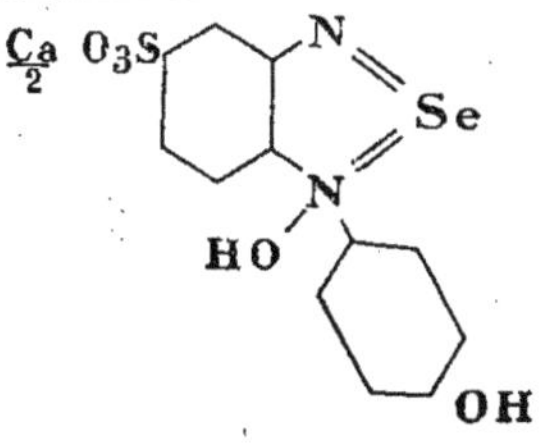 $\frac{Ca}{2}$ O_3S N Se N HO OH	Gris pâle	Brun violacé	Brun violacé

PARTIE EXPERIMENTALE

Nous avons signalé dans la partie théorique le mode d'obtention des piasénols (1).

Si l'on traite une dissolution d'ortho-phénylènediamine dans l'eau ou l'alcool par la quantité équimoléculaire d'une solution d'acide sélénieux, on obtient une substance incolore facilement recristallisable de l'alcool qui donne des solutions incolores.

Le piasélénol ainsi préparé, possède des propriétés basiques auxquelles Hinsberg attribuait la forte coloration jaune qui prend naissance quand on le traite par des acides assez concentrés. Il y a lieu de supposer, en effet, que cette coloration résulte de la formation d'un sel, à moins d'envisager un phénomène d'halochromie en s'appuyant sur la constatation que les solutions dans le phénol et l'aniline sont de même nettement jaunes.

Perchlorate du piasélénol.

Parmi les sels, nous avons réussi à isoler le perchlorate. Dans ce but, le piasélénol est dissout à 50-60° dans une solution aqueuse concentrée d'acide perchlorique. La solution, fortement colorée en jaune, sépare, par refroidissement, un abondant précipité bien cristallisé.

(1) Hinsberg, *B.* 22-862.

Les cristaux bien essorés sont colorés en jaune canari. Ils sont immédiatement hydrolisés par l'eau en reformant la base et l'acide perchlorique, que l'on peut même doser volumétriquement dans la solution.

Nous voyons ainsi que la combinaison a eu lieu entre des quantités équimoléculaires de piasélénol et d'acide perchlorique : nous pouvons donc formuler le composé de la manière suivante, soit comme sel azonium, soit comme combinaison bimoléculaire :

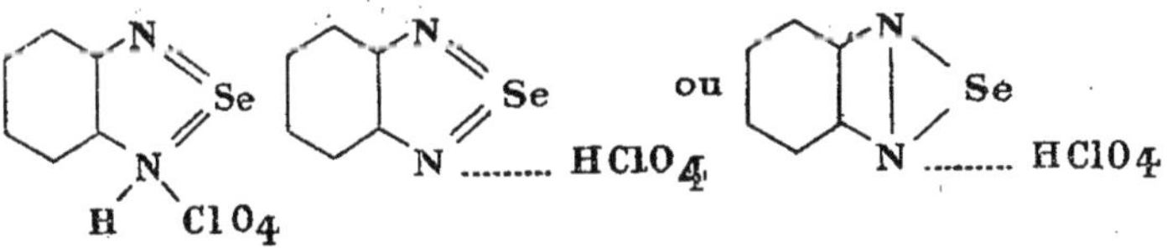

N Se N H ClO_4 — N Se N .... $HClO_4$, ou N Se N .... $HClO_4$

le perchlorate, comme tous les sels de piasélénol, d'ailleurs, est très facilement hydrolisé par l'eau; cette tendance à la décomposition appuie l'hypothèse qui envisage, pour ces sels, l'éventualité d'un phénomène d'halochromie.

Dosage d'azote : $C_6H_5O_4N_2Cl\,Se$; poids moléculaire : 283.75.

0,2364 grammes de substance ont donné 20,4 cm^3 d'azote.

Température : 17°. Pression barométrique : 740.

Trouvé : 9,89 0/0 N.
Calculé : 9,91 0/0 N.

Nous appuyant alors sur les considérations développées dans la partie théorique de ce travail, nous avons cherché à préparer les composés azoniums de même structure où l'azote pentavalent fixe, d'une part, un groupe aryl, et, d'autre part, un anion.

Dans ce but, nous avons étudié l'action de l'acide sélénieux sur les sels, notamment les chlorhydrates des diphénylamines orthoaminées.

Alors que les orthophénylènediamines donnent avec l'acide sélénieux des piasélénols, les orthoaminodiphénylamines sous forme de chlorhydrates, conduisent dans les mêmes conditions aux sels d'arylpiasélénazonium.

Nous avons ainsi une analogie illustrée par les schémas :

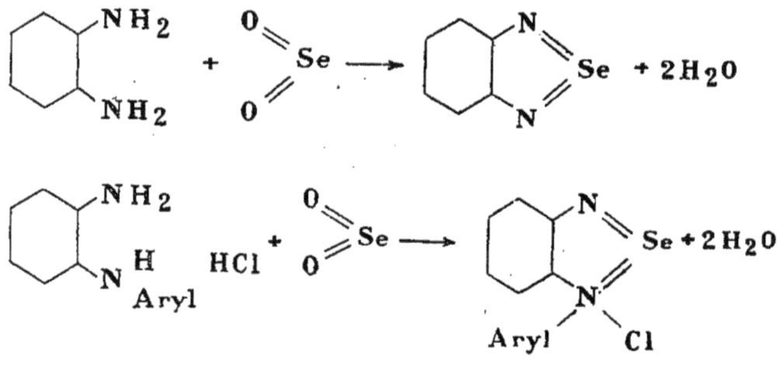

NH_2 / NH_2 + O=Se=O ⟶ N=Se=N + $2H_2O$

NH_2 / NH Aryl HCl + O=Se=O ⟶ N=Se=N(Aryl)Cl + $2H_2O$

Le chlorure du phénylpiasélénazonium.

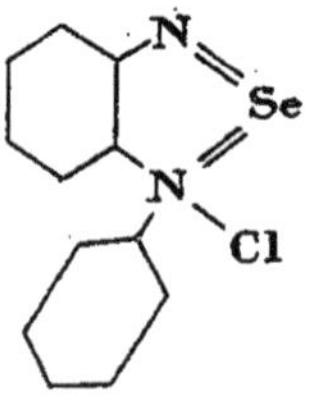

N=Se=N — Cl

L'orthonitrodiphénylamine a été préparée par condensation du 1 chlore 2 nitrobenzène et de l'aniline, d'après Kermann (1), une condensation de l'acide benzène 1 chlore. 2 nitro 4. sulfonique avec l'aniline suivie d'une hydrolyse, d'après Schopff (2), n'offrant aucun avantage.

La réduction de ce dérivé nitré effectuée avec le fer et l'acide chlorydrique conduit à l'amino correspondant, l'orthoaminodiphénylamine.

Le chlorhydrate de cette base en solution aqueuse est traité par la quantité calculée d'acide sélénieux. La solution se colore immédiatement en rouge. Si on laisse reposer cette solution, cllc sépare très lentement de magnifiques cristaux bleu noir, brillants, d'aspect métallique.

La réaction est fortement accélérée par une élévation de température. Il est avantageux de porter la solution à l'ébullition : lors du refroidissement se produira une abondante cristallisation.

NH2 / NH·HCl + O=Se=O → N=Se=N(Cl) + $2H_2O$

Les cristaux formés sont solubles dans l'eau chaude, l'alcool, l'acide acétique ; insolubles dans l'éther et les hydrocarbures aromatiques ; peu solubles dans l'eau froide (1 pour 100).

(1) *B.*, 46-341.
(2) *B.*, 26-1840.

Pour l'analyse, nous avons recristallisé de l'alcool et obtenu, suivant les conditions de cristallisation : concentration, vitesse de refroidissement des cristaux dont la coloration apparente varie du jaune au bleu d'acier la composition restant toutefois la même.

La formation du produit s'accompagne d'une odeur caractéristique rappelant l'hydrogène sélénié.

Les rendements sont presque quantitatifs, si l'on part de produits absolument purs.

La stabilité vis-à-vis de l'action de la chaleur est comparable à celle des piasélénols, mais alors que le piasélénol a un point de fusion net, pour le chlorure de phénylpiasélénazonium on n'observe pas de fusion, mais une décomposition à une température de 215° environ.

La solution aqueuse est stable et supporte une ébullition même prolongée. Les acides sont sans action.

Les réducteurs acides, notamment le zinc et l'acide chlorhydrique, opèrent à la longue une réduction et une scission qui conduisent à l'orthoaminodipénylamine et au sélénium métallique

$$C_6H_4{<}\genfrac{}{}{0pt}{}{N}{N(C_6H_5)Cl}{>}Se + 2\,Zn + 5\,HCl \longrightarrow C_6H_4{<}\genfrac{}{}{0pt}{}{NH_2}{NH(C_6H_5)\cdot HCl} + Se + 2\,ZnCl_2$$

Les réducteurs alcalins ont la même action que les agents basiques, c'est-à-dire décomposition avec apparition éphémène d'un précipité gélatineux rouge sang.

Nous supposons qu'il se forme d'abord la base hydroxylammonium instable. Le groupe hydroxyl engendré migre sans doute au sélénium, et nous obtenons par suite d'une hydrolyse, un précipité blanc d'aspect cristallin identifié comme étant l'orthoaminodiphénylamine et, en outre, une solution contenant le sélénite formé. Le processus de cette réaction a, d'ailleurs, été étudié dans la partie théorique de ce travail (1).

La réaction finale est représentée par l'équation :

$$C_6H_4\begin{matrix} N \\ N(C_6H_5)Cl \end{matrix}Se + 3NaOH \longrightarrow C_6H_4\begin{matrix} NH_2 \\ NH-C_6H_5 \end{matrix} + NaCl + Na_2SeO_3$$

Pour faire une analyse complète, nous avons étudié le chlorure de phénylpiasélénazonium quant à sa teneur ficative et à la rigueur quantitative du sélénium.

La réaction précédente permet une recherche qualificative e à la rigueur quantitative du sélénium.

En effet, la scission étant opérée, si l'on filtre, on obtient une solution de sélénité alcalin de laquelle on peut précipiter le sélénium métallique par action d'un réducteur, notamment le bisulfite de sodium. Le sélénium se forme à l'état colloïdal fortement coloré en rouge; si on maintient cette suspension quelque temps à la température du bain-marie, le sélénium précipite sous la forme métallique amorphe et noir.

(1) Voir p. 18 et 19.

Le dosage du sélénium a été opéré, d'autre part, d'après la méthode de H. Bauer (1), que nous n'avons que légèrement modifiée.

Nous avons opéré sur deux à trois décigrammes de substance. Celle-ci est introduite dans un tube avec 1 cm^3,5 d'acide nitrique fumant. Le tube est scellé, puis chauffé pendant quatre heures environ à 250° dans un four à combustion.

Il y a alors dans le tube un liquide limpide fortement coloré en vert, ce liquide est versé dans une fiole conique sur laquelle peut s'adapter un réfrigérant rôdé (il faut, en effet, proscrire les bouchons qui seraient attaqués). Le tube est rincé avec de l'acide chlorhydrique concentré; ce liquide de rinçage est versé dans une fiole, puis additionné d'acide chlorhydrique concentré de façon à avoir environ 100 cm^3. Cette quantité suffit pour détruire complètement l'acide nitrique par un chauffage au reflux d'une demi-heure.

La solution chlorhydrique doit être alors presque incolore. On la verse dans un vase à précipiter et ajoute une solution aqueuse de 3 grammes de bisulfite de sodium anhydre.

Il se forme une suspension colloïdale de sélénium qu'un chauffage prolongé au bain-marie transforme en un précipité de sélénium noir amorphe facilement filtrable.

Le sélénium est filtré sur un creuset Gooch, préalablement taré et lavé jusqu'à ce que le filtrat ne montre plus réaction d'anion chlore.

On sèche à poids constant dans une étuve à 110°.

(1) *B.*, 48-507.

Dans les cas où, parallèlement au dosage de sélénium, nous voulons faire une détermination quantitative du soufre, nous prenons comme réducteur le chlorhydrate d'hydroxylamine, de façon à avoir, lors de la filtration du sélénium, le soufre à l'état d'anion sulfate dans le filtrat.

Le soufre est alors dosé ultérieurement suivant la méthode ordinaire, sous forme de sulfate de baryum.

Le dosage de chlore, puisque nous sommes en présence de sels solubles dans l'eau où le chlore fait fonction d'anion comme dans un simple chlorure minéral, est effectué en ajoutant à la dissolution dans l'eau distillée du nitrate d'argent en présence d'acide nitrique.

Dosage d'azote : $C_{12}H_9N_2$ Cl Se, poids moléculaire : 295,81.

0,1632 grammes de substance ont donné 13,5 cm^3 d'azote.

Température : 21°. Pression barométrique : 753 m/m.

Trouvé : 9.51 0/0 N.
Calculé : 9,47 0/0 N.

Dosage de sélénium :

0,2595 grammes de substance ont donné 0,0686 grammes de sélénium.

Trouvé : 26,43 0/0 Se
Calculé : 26,77 0/0 Se

Dosage de chlore :

0,2642 grammes de substance ont donné 0,125 grammes de chlorure d'argent.

Trouvé : 11,69 0/0 Cl
Calculé : 11,98 0/0 Cl

Le chlorure du phényl 4. chlorepiasélénazonium (1).

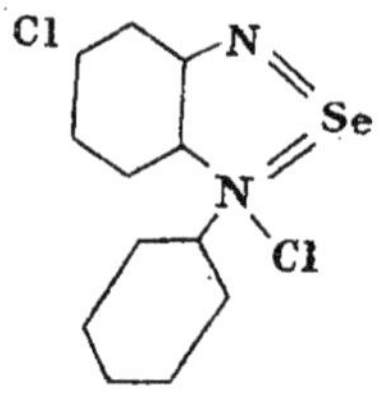

La réaction qui nous a conduit au chlorure de phénylpiasélénazonium a été étendue en opérant sur une série d'orthoaminodiphénylamines ayant différents substituants, soit dans l'un des noyaux benzéniques, soit dans les deux noyaux.

Dans ce but nous avons préparé la 2 amino 4 chlorediphénylamine par réduction du dérivé nitré correspondant.

Celui-ci s'obtient en condensant le 1-4 chlore 2 nitrobenzène préparé d'après Beilstein et Kurbatew (2) avec l'aniline, suivant Ullmann (3).

Le chlorhydrate de cette 2 amino 4 chlorediphénylamine est traité par la quantité calculée d'acide sélénieux en solution aqueuse. La réaction est accélérée par un léger chauffage à 60° environ. Il se forme une

(1) Pour les dérivés substitués, nous avons adopté la nomenclature suivante :

La position 1 est celle qui fixe l'azote pentavalent fondamental.

La numération se fait de façon que le deuxième azote occupe la position 6.

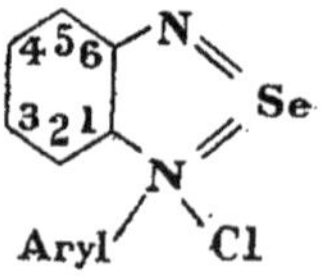

(2) A. 182-103.

(3) A. 332-94.

coloration brune, puis se sépare après quelques instants un produit brun cristallin.

$$\text{Cl-}C_6H_3(NH_2)(NH\text{-}C_6H_5)\cdot HCl + SeO_2 \longrightarrow \text{Cl-}C_6H_3\left(N{=}Se{=}N(Cl)\text{-}C_6H_5\right) + 2H_2O$$

Le chlorure du phényl 4. chlorepiasélénazonium est légèrement soluble dans l'eau et l'alcool. Il a été recristallisé de l'alcool. Une ébullition prolongée dans l'eau entraîne une décomposition partielle décelée par la formation de sélénium.

Les réducteurs acides mènent à la 2 amino 4. chlorediphénylamine et au sélénium. Les agents basiques conduisent à l'amine et à l'acide sélénieux, d'après la réaction étudiée pour le chlorure de phénylpiasélénazonium.

Dosage d'azote : $C_{12}H_6N_2Cl_2$; Se poids moléculaire : 331,26.

0,1637 grammes de substance ont donné 12,6 cm^3 d'azote.

Température : 23°. Pression barométrique : 741 m/m.

Trouvé : 8,65 0/0 N.

Calculé : 8,46 0/0 N.

Dosage de sélénium :

0,2698 grammes de substance ont donné 0,0638 grammes de sélénium.

Trouvé : 23,64 0/0 Se
Calculé : 23,9 0/0 Se

Le chlorure du phényl 4. nitropiasélénazonium.

O_2N N Se N Cl HO

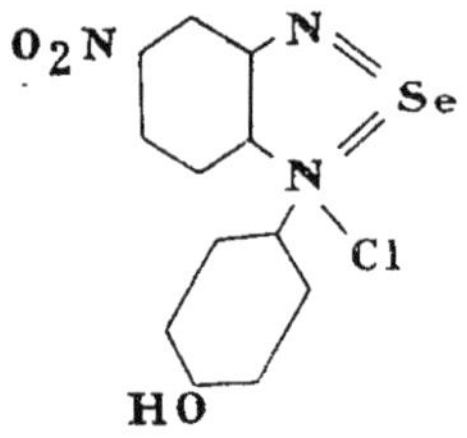

La 2.4. dinitrodiphénylamine est préparée par condensation du 1 chlore 2-4 dinitrobenzène sur l'aniline. Si l'on réduit avec précaution, on obtient, d'après Nnetzki et Almenrader, la 2 amino 4. nitrodiphénylamine.

Le chlorhydrate de cette amine réagit avec la quantité calculée d'acide sélénieux. La coloration de la solution vire de suite au rouge ; en chauffant légèrement puis laissant refroidir on voit se séparer un produit cristallin d'aspect bleu métallique.

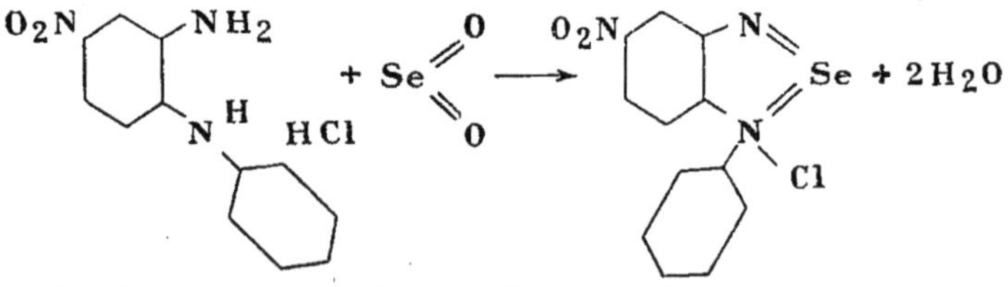

O_2N NH_2 N H HCl + Se O O ⟶ O_2N N Se N Cl + $2H_2O$

Ce chlorure du phényl 4 nitropiasélénazonium est peu

soluble dans l'eau ; soluble dans l'alcool, l'acide acétique glacial et insoluble dans l'éther.

Le produit recristallisé de l'alcool se présente sous forme de petits cristaux orangé-rouge ou sous forme de fines aiguilles colorées en bleu. Cette différence de coloration résulte d'un effet d'optique et dépend de l'état de division. Les réducteurs acides scindent le produit en 2 amino 4 nitrodiphénylamine et sélénium métallique.

Les agents basiques conduisent à l'amine et à l'acide sélénieux.

Dosage d'azote : $C_{12}H_8N_3O_2Cl\,Se$; poids moléculaire : 340,81.

0,1516 grammes de substance ont donné 16 cm^3 d'azote.

Température : 18°. Pression barométrique : 742 m/m.

Trouvé : 12,4 0/0 N.
Calculé : 12,32 0/0 N.

Dosage de sélénium :

0,2818 grammes de substance ont donné 0,065 grammes de sélénium.

Trouvé : 23,1 0/0 Se.
Calculé : 23,22 0/0 Se.

Une réduction de ce dérivé nitro étant impossible, nous nous sommes efforcés de préparer le chlorure du phényl 4. aminopiasélénazonium qui lui correspond. Dans ce but, nous avons réduit complètement la 2-4 dinitrodiphénylamine par le fer et l'acide chlorhydrique en 2-4 diaminodiphénylamine.

L'action de l'acide sélénieux sur le chlorhydrate de cette amine est tout à fait particulière : il y a instantanément formation d'une coloration rouge sang, puis peu à peu se sépare un précipité noir amorphe. Ce précipité, peu soluble dans l'eau et l'alcool, n'en peut être recristallisé. La réaction opérée dans l'acide acétique conduit de même à ce produit amorphe. Divers dosages d'azote ne donnent aucune concordance sauf sur ce point que la proportion d'azote est toujours trop faible.

Les dosages de sélénium ne sont pas constants mais montrent la présence de sélénium dans le précipité et d'ailleurs en proportion trop forte.

Une solution aqueuse montre les réactions caractéristiques des dérivés piasélénazonium, notamment la réaction particulièrement sensible avec un alcali dilué : précipitation de la base hydroxylammonium rouge gélatineux et peu soluble, ensuite transposition puis hydrolyse conduisant à l'amine et à l'acide sélénieux.

Donc, le précipité contient certainement du chlorure de phényl 4. aminopiasélénazonium qui ne peut être isolé.

On peut envisager d'après les résultats des dosages que le groupement aminogène libre soit entré en réaction ; aussi, pour protéger ce groupement amino, avons-nous fait une monobenzoylation de la 2-4 diaminodiphénylamine.

La 2. benzolamino 4. aminodiphénylamine.

C_6H_5-NH-C_6H_3(-NH_2)(NHCOC_6H_5)

Pour n'introduire qu'un seul groupe benzoyl dans la molécule, nous prenons la quantité calculée de chlorure de benzoyle augmentée du dixième destiné à compenser les pertes.

La 2-4 diamino diphénylamine est suspendue dans une solution aqueuse de soude caustique à 10 pour 100, que l'on agite fortement à l'aide d'une turbine. On laisse couler le chlorure de benzoyle goutte à goutte dans cette suspension. La réaction est exothermique; la légère élévation de température qui se produit, facilite la réaction. Après une ou deux heures, la benzoylation est terminée : le produit monobenzoylé se précipite sous forme cristalline. Filtré et lavé, il est alors coloré en jaune brun. Après deux ou trois cristallisations de l'alcool, il est absolument blanc et bien cristallisé.

Le point de fusion est 213-214°.

La composition correspond au produit monobenzoylé; mais alors que nous espérions avoir une benzoylation dans le groupement aminogène placé en Para, nous devons, au contraire, considérer la benzoylation comme ayant eu lieu dans le groupement aminogène placé en ortho. En effet, le chlorhydrate de cette 2-4 diamino-diphénylamine ne réagit ni avec l'acide sélénieux pour donner le piasélénazonium correspondant, ni avec la phénanthrène quinone qui se condense pourtant avec toutes les orthodiamines.

Ce dérivé est peu soluble dans les acides ; il n'est pas hydrolisé par la soude caustique même concentrée. Ces faits nous ont poussé à envisager le produit comme étant peut-être analogue à la 4. amino 1 phényl benzényl phénylène diamine, décrite par Muttelet (1). Comme la formule ci-dessous l'indique, il aurait suffi pour cela qu'il y ait eu élimination d'eau et cyclisation.

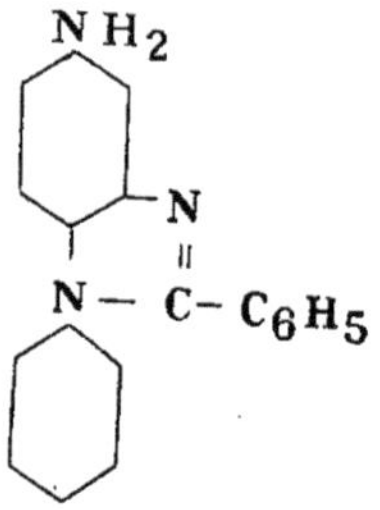

NH_2

N

$N - C - C_6H_5$

Cette éventualité doit cependant être rejetée, car nous avons pour notre produit un point de fusion très éloigné de celui correspondant au produit de Muttelet; de plus le dosage d'azote correspond à la 2. benzylamino 4. aminodiphénylamine.

Dosage d'azote : $C_{19}H_{17}O\,N_3$. Poids moléculaire : 303,26.

0,2193 grammes de substance ont donné 25,8 cm^3

Température 16°. Pression barométrique : 749 m/m.

Trouvé : 16,69 % N.

Calculé : 13,87 % N.

(1) « *Bull. Soc. chim.* », III, 17-870.

Le chlorure du naphtyl 4. Nitropiasélénazonium.

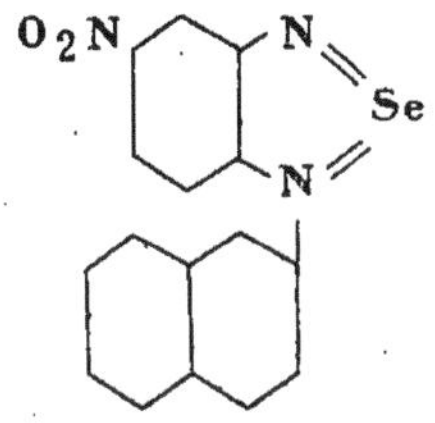

O_2N N Se N

La 2-4 dinitrophényl-β-naphtylamine est mentionnée par Ernst (1), qui n'indique pas le mode d'obtention. Nous avons obtenu de bons rendements en opérant de la manière suivante : 20 grammes de 1 chlore, 2-4 dinitrobenzène et 15 grammes de β naphtylamine, sont dissous dans 100 cm³ d'alcool. On ajoute 20 grammes d'acétate de sodium cristallisé et chauffé au reflux pendant quelques heures. Par refroidissement, la 2-4 dinitrophényl β naphtylamine, qui est peu soluble, se sépare.

Nous avons réduit partiellement ce dérivé dinitré de façon à transformer en groupe aminogène le groupement nitro placé en ortho.

Heim (2) avait déjà obtenu cette 2 amino 4. nitrophenyl β naphtylamine en réduisant avec du sulfure d'ammonium qu'il laissait agir 24 heures à température ordinaire.

Nous avons opéré différemment et obtenu cette amine avec de bons rendements.

La 2-4 dinitrophényl B naphtylamine finement pulvérisée est suspendue dans l'alcool. Cette suspension

(1) *B.*, 23-3429.
(2) *B.* 21-589.

bouillante est traitée par une solution aqueuse chaude de sulfure de sodium cristallisée en quantité calculée, augmentée d'un excès du quart.

L'ébullition se poursuit d'elle-même pendant un certain temps; quand la réaction est calmée, on chauffe au reflux quelques minutes, puis laisse refroidir; si l'on n'a pas employé trop d'alcool, la 2 amino 4. nitrophényl β naphtylamine se sépare. Elle est absolument pure après une ou deux cristallisations de l'alcool.

La condensation de son chlorhydrate avec l'acide sélénieux opérée en solution aqueuse comme pour les cas précédents ne donne pas de bons résultats. Pour préparer le chlorure du naphtyl 4. nitropiasélénazonium, nous dissolvons l'amine dans l'acide acétique glacial en présence d'acide chlorhydrique. Cette solution acétique est traitée par la quantité calculée d'acide sélénieux en solution aqueuse concentrée. On chauffe à ébullition; par refroidissement, se séparent de magnifiques cristaux brun vert.

$$O_2N \; NH_2 \; NH \; HCl + O{=}Se{=}O \longrightarrow O_2N \; N{=}Se{=}N \; Cl + 2\,H_2O$$

Le produit préparé dans ces conditions retient une molécule d'acide acétique. Cette combinaison avec l'acide acétique est remarquable; elle appuye la conception des sels complexes et constitue un nouvel exemple du cas assez fréquent retrouvé notamment pour certains sels ammonium, azonium et diazonium.

Cette molécule d'acide acétique peut être enlevée par un séchage prolongé dans une étuve chauffée par des vapeurs de xylène.

Le produit exempt d'acide acétique présente alors une coloration brune presque noire.

Le produit est soluble dans l'eau (peu à froid, mieux à chaud), l'alcool et l'acide acétique glacial. Il est insoluble dans l'éther.

Il montre les mêmes réactions que son isologue inférieur, le chlorure du phényl 4. nitropiasélénazonium, notamment avec les alcalis qui conduisent à la 2. amino 4. nitrophényl β naphtylamine et à l'acide sélénieux en passant par la formation de la base hydroxylammonium.

Dosage d'azote : $C_{16}H_{10}O_2N_3Cl\,Se + CH_3COOH$. Poids moléculaire : 450,89.

0,146 grammes de substance ont donné 12,2 cm_3 d'azote.

Température : 22°. Pression barométrique : 744 m/m.

Trouvé : 9,46 0/0 N.
Calculé : 9,32 0/0 N.

Dosage d'azote : $C_{16}H_{10}O_2N_3Cl\,Se$. Poids moléculaire : 390,85.

0,1574 grammes de substance ont donné 15,2 cm_3 d'azote.

Température : 22°. Pression barométrique : 744 m/m.

Trouvé : 10,93 0/0 N.
Calculé : 10,75 0/0 N.

Dosage de sélénium :

0,198 grammes de substance ont donné 0,0398 grammes de sélénium.

Trouvé : 20,10 % Se.
Calculé : 20,25 % Se.

Nous avons préparé la 2-4 diaminophényl β naphtylamine par réduction totale de la 2-4 dinitrophényl β naphtylamine à l'aide du fer et de l'acide chlorhydrique. Il est intéressant de remarquer que le chlorhydrate de la 2-4 diaminodiphénylamine, c'est-à-dire conduit à un produit amorphe condensant seulement en partie le chlorure d'arylpiasélénazonium.

Le chlorure du paraoxyphényl 4. nitropiasélénazonium.

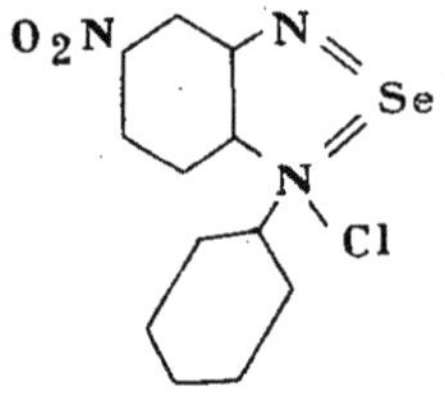

O_2N — N — Se — N — Cl

Dans le but d'introduire un substituant OH dans le groupement phényl fixé à l'azote pentavalent fondamental, nous avons préparé la 2-4 dinitro 4. oxydiphénylamine par condensation du 1 chlore 2-4 dinitrobenzène sur le paraminophénol d'après Mietzki et Almenrader (1). Une réduction partielle nous a conduit à la 2. amino 4. nitro 4'. oxydiphénylamine (2).

(1) *B.* 28-2.973.
(2) *C.* 1902 I. 447.
C. 1902 I. 1.284.
C. 1903 II 814.
D. R. P. 128.087 ; *D. R. P.* 131.468 ; *D. R. P.* 144.157.

La solution aqueuse du chlorhydrate de cette amine a été traitée par la quantité calculée d'acide sélénieux: la réaction se passe normalement et est favorisée par une élévation de température. La solution se colore en rouge brun. Le chlorure du paraoxyphényl 4. nitropiasélénazonium se sépare sous forme cristalline.

O_2N NH_2 N H HCl + $O=Se=O$ → O_2N N Se + $2H_2O$ N Cl OH OH

Ce dérivé est légèrement soluble dans l'eau, l'alcool, insoluble dans l'éther. Il se présente sous forme de beaux cristaux, colorés en brun orangé. Il montre les réactions caractéristiques étudiées pour les sels de piasélénazoniums décrits précédemment; en particulier, la sensibilité vis-à-vis des alcalis qui le décomposent en reformant la base et l'acide sélénieux.

Dosage d'azote : $6_{12}H_8N_3Cl$ Se. Poids moléculaire : 356,81.

0.1074 grammes de substance ont donné 10,8 cm^3 d'azote.

Température : 17°. Pression barométrique : 740 m/m.

Trouvé : 11,79% N.

Calculé : 11,75% N.

Dosage de sélénium :

0,266 grammes de substance ont donné 0,0588 grammes de sélénium.

Trouvé : 22,10 % Se.
Calculé : 22,16 % Se.

L'anhydrosulfo du phénylpiasélénazonium.

O_2S — N — Se — N — O — OH

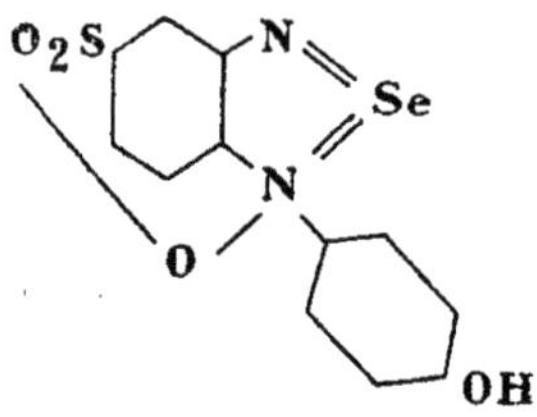

Pour obtenir un dérivé de phénylpiasélénazonium plus facilement soluble dans l'eau, nous avons cherché à obtenir un de ces composés ayant un groupement sulfonique dans le noyau benzénique. Dans ce but, nous avons préparé l'acide diphénylamine 2 nitro 4. sulfonique par condensation de l'acide benzène 1, chlore 2, nitro 4. sulfonique sur l'aniline, d'après Paul Fischer (1).

Nous avons réduit en acide diphénylamine 2 animo 4. sulfonique, par la méthode de Claisen, d'après Gabriel (2).

Le chlorhydrate de cette amine est alors condensé avec l'acide sélénieux en quantité calculée. La coloration vire au rouge brun, et il y a précipitation d'un produit brun vert.

(1) *B.* 24-3.791
(2) *Weyl* vol. 2. p. 268.
B. 12-1946 ; 13-2126 ; 15-2294 ; 24-3193.

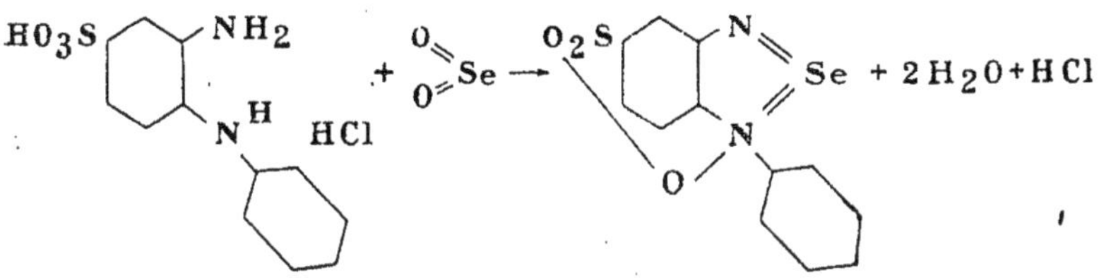

HO_3S NH_2 NH HCl + SeO_2 → O_2S N Se N O $+ 2H_2O + HCl$

Le produit formé est peu soluble dans l'eau. Il ne contient pas de chlore; en effet, en décomposant ce composé par la soude suivant le processus de réaction déjà étudié, nous devrions avoir le chlore sous forme de chlorure de sodium; or, la recherche de l'anion chlore dans la solution est négative. Ces constatations nous incitent à considérer le groupement sulfonique comme engendrant un sel interne qui répondrait à la formule ci-dessus appuyée d'ailleurs par les dosages d'azote et de sélénium.

Une suspension de carbonate de calcium dans l'eau réagit sur l'anhydrosulfo du phénylpiasélénazonium en donnant à l'ébullition une solution fortement colorée en rouge.

Il y a tout lieu de croire que nous sommes en présence d'un composé hydroxylammonium de la forme ci-dessous (1).

(1) Nous verrons plus loin un exemple où un dérivé de ce genre a été isolé.

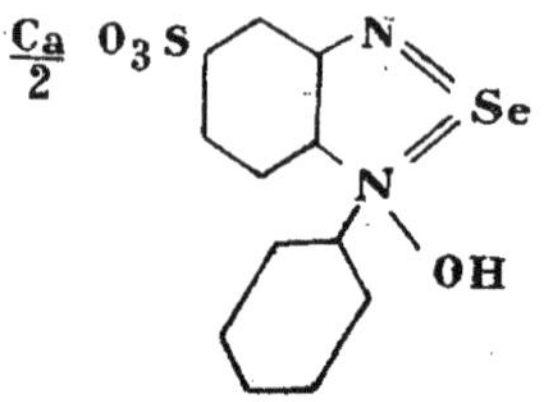

$\frac{Ca}{2}$ O_3S … N = Se = N … OH

Cependant, si nous concentrons cette solution, nous isolons un produit très peu coloré qui, à l'analyse, a été identifié comme étant le sel calcique de l'acide diphénylamine 2 amino 4. sulfonique.

Dosage d'azote : $C_{12}H_8O_3N_2SSe$. Poids moléculaire : 339,40.

0,696 grammes de substance ont donné 14 cm^3 d'azote.

Température : 21°. Pression barométrique : 740 m/m.

Trouvé : 8,07 % d'N.
Calculé : 8,25 % d'N.

Dosages de sélénium et de soufre :

0,2824 grammes de substance ont donné 0,2824 gramme sde substance ont doné 0,0644 grammes de sélénium et 0,1998 grammes de sulfate de baryum.

Trouvé : 22, 8 % de Se
Calculé : 23,36 % de Se
Trouvé : 9,7 % de S.
Calculé : 9,44 % de S.

L'acide diphénylamine 2. nitro 4'. oxy. 4. sulfonique.

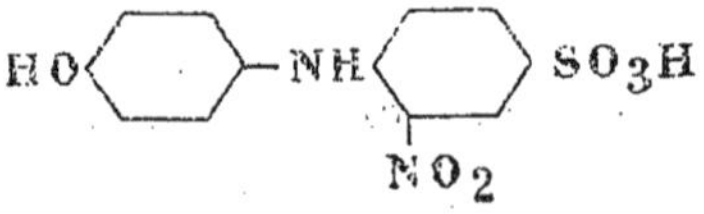

HO–⬡–NH–⬡–SO_3H
NO_2

Pour étudier l'action de l'acide sélénieux sur le chlorhydrate de l'acide diphénylamine 2 amino 4' oxy 4 sulfonique, nous avons préparé le nitro correspondant par condensation du paraminophénol et de l'acide benzène 1. chlore 2. nitro 4. sulfonique.

Le paraminophénol fraîchement recristallisé de l'eau et décoloré au noir animal, est dissout dans l'alcool et traité par la quantité calculée d'acide benzène 1. chlore 2. nitro 4. sulfonique.

On chauffe au reflux en présence de la quantité d'acétate de sodium nécessaire pour neutraliser l'acide chlorhydrique qui se forme dans la réaction.

$$OH\text{-}C_6H_4\text{-}NH\boxed{H + Cl}\text{-}C_6H_3(NO_2)\text{-}SO_3H \longrightarrow OH\text{-}C_6H_4\text{-}NH\text{-}C_6H_3(NO_2)\text{-}SO_3H + HCl$$

La condensation est très lente et n'est terminée qu'après un chauffage à l'ébullition de 15 heures.

Le produit est isolé par concentrations fractionnées; il se présente sous forme d'aiguilles presque incolores transparentes très facilement solubles dans l'eau et l'alcool.

Il donne avec les alcalis des sulfonates solubles colorés fortement en jaune.

Dosage d'azote : $C_{12}H_{10}O_6N_2S$. Poids moléculaire : 310,22.

0,267 grammes de substance ont donné 21,8 cm^3 d'azote.

Température : 18°. Pression barométrique : 743 m/m.

Trouvé : 9,36 % N.
Calculé : 9,03 % N.

L'acide diphénylamine 2. amino 4'. oxy 4 sulfonique.

HO⟨ ⟩NH⟨ ⟩SO$_3$H
NH$_2$

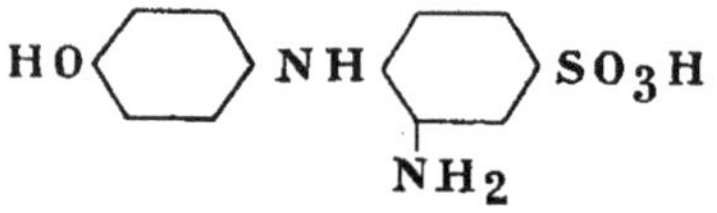

Nous obtenons cet acide diphénylamine 2. amino 4' oxy 4 sulfonique par réduction du dérivé nitré correspondant que nous venons de décrire. Le dérivé amine ainsi préparé est très oxydable et se décompose rapidement; il est probable que cette tendance à une décomposition provient de la présence d'un groupe hydroxyl en para d'un groupement aminogène.

Le produit qui a été analysé se présentait sous forme de cristaux légèrement colorés en gris.

Dosage d'azote : $C_{12}H_{12}O_4N_2S$. Poids moléculaire : 280,23.

0,2564 grammes de substance ont donné 218 cm^3 d'azote.

Température : 18°. Pression barométrique : 743 m/m.

Trouvé : 9,75% d'N.
Calculé : 9,99% d'N.

L'anhydrosulfo du paraoxyphénylpiasélénazonium.

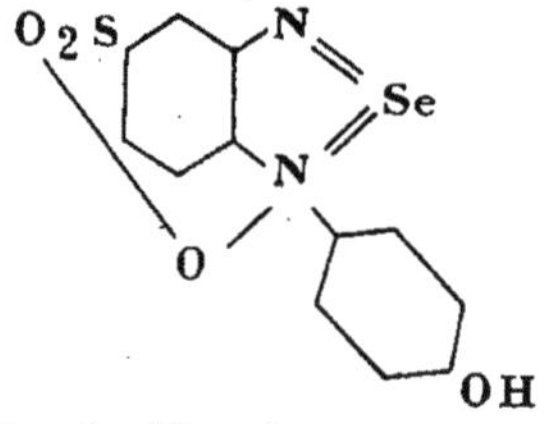

O$_2$S N Se N O OH

Le chlorhydrate de l'amine que nous venons de décrire étant instable, il importait d'éviter cette décomposition facile.

Pour cela, nous partons du dérivé nitré que nous réduisons par le zinc et l'acide chlorhydrique. Après quelque temps, la solution devient limpide et incolore. Nous filtrons alors et recueillons la solution du chlorhydrate de l'amine formé dans une dissolution aqueuse concentrée chaude d'acide sélénieux.

La réaction est instantanée : la coloration vire au rouge sang et peu à peu se séparent des cristaux colorés en rouge.

HO_3S NH_2 $NH \cdot HCl$ OH + $O=Se=O$ → O_2S N N Se O OH $+ 2H_2O + HCl$

Le produit est légèrement soluble dans l'eau et l'alcool et peut en être recristallisé.

Le produit pur se présente sous forme de paillettes rouge orangé. La recherche du chlore est négative, donc nous sommes en présence du sel sufo interne dont la constitution est représentée par cette formule.

Dosage d'azote : $C_{12}H_8O_4N_2S$ Se. Poids moléculaire : 355,40.

0,1246 grammes de substance ont donné 8,3 cm^3 d'azote.

Température : 19°. Pression barométrique : 764 m/m.

Trouvé : 7,82%
Calculé : 7,88%

Dosage de sélénium :

0,2028 grammes de substance ont donné 0,0436 grammes de sélénium.

Trouvé : 21,49 % Se

Calculé : 22,28 % Se

Dosage de soufre :

0,2028 grammes de substance ont donné 0,1348 grammes de sulfate de baryum.

Trouvé : 9,12 % S.

Calculé : 9,04 % S.

Hydroxyde du paraoxyphényl 4. sulfonate de calcium piasélénazonium.

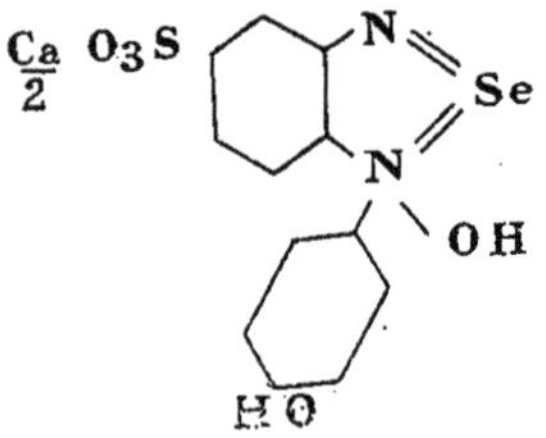

$\frac{Ca}{2}$ O_3S N Se N OH HO

L'action des alcalis sur l'anhydrosulfo du paraoxyphénylpiasélénazonium est remarquable.

Avec les agents basiques faibles et même avec les alcalis caustiques dilués, il y a solubilisation instantanée avec formation d'une coloration rouge sang ; si l'on acidule avec un acide quelconque, l'anhydrosulfo reprécipite immédiatement. Il y a eu formation du 4. sulfonate de calcium de la base hydroxylammonium.

Si l'action des alcalis est prolongée ou si l'on emploie des alcalis concentrés, il y a scission qui mène à l'amine et à l'acide sélénieux comme dans tous les cas étudiés précédemment.

La sensibilité moins accentuée vis-à-vis des alcalis nous a permis d'isoler la base hydroxylammonium qui est relativement stable. En traitant une solution d'anhydrosulfo du paraoxyphénylpiasélénazonium par du carbonate de calcium, il y a formation d'une coloration rouge. Si nous filtrons et concentrons cette solution rouge, nous séparons une subsance rouge foncé excessivement soluble dans l'eau.

Cette substance renferme du calcium, du sélénium et du soufre. Par l'emploi du carbonate de calcium, nous avons formé sans doute l'hydroxyde du paraoxyphényl 4, sulfonate de calcium piasélénazonium.

Il est remarquable de constater que pour l'anhydrosulfo ayant un groupe OH en moins, nous n'avons pu isoler la base.

Le produit est insoluble dans l'alcool et l'éther.

Dosage d'azote : $C_{12}H_9O_5N_2SSe\frac{Ca}{2}$. Poids moléculaire : 391,44.

0,2978 grammes de substance ont donné 18,2 cm^3 d'azote.

Température : 19°. Pression barométrique : 744 m/m.

Trouvé : 6,99 %
Calculé : 7,15 %

Dosage de sélénium :

0,2502 grammes de substance ont donné 0,052 grammes de sélénium.

Trouvé : 20,78 %
Calculé : 20,23 %

Dosage de calcium :

0,2846 grammes de substance ont donné 0,0202 grammes d'oxyde de calcium.

Trouvé : 5,05 %
Calculé : 5,11 %

L'acide diphénylamine 2 nitro 4' diméthylamino 4. sulfonique.

$$(CH_3)_2N\langle\quad\rangle NH\langle\quad\rangle SO_3H$$
$$NO_2$$

Pour pouvoir former par la suite un piasélénazonium ayant un substituant aminogène dans le noyau benzénique libre, nous avons préparé l'acide diphénylamine 2. nitro 4' diméthylamino 4. sulfonique par condensation de la diméthylparaphénylènediamine avec l'acide benzène 1. chlore 2. nitro 4. sulfonique.

Un premier essai opéré en partant de la base ellemême ayant donné une résinification partielle, nous avons employé le sulfate neutre de diméthylparaphénylènediamine.

La condensation se fait alors en milieu alcoolique en présence de la quantité de soude nécessaire pour former la base et neutraliser l'acide chlorhydrique qui se forme. Si l'on chauffe à reflux, la réaction est terminée rapidement. Nous avons ajouté un léger excès de soude pour obtenir le sulfonate de sodium, qui est beaucoup moins soluble dans l'alcool que l'acide. Ce sulfonate a été précipité par l'éther et lavé à l'éther qui dissout l'amine n'ayant pas réagi.

Par recristallisation de l'alcool, on obtient des paillettes rouges orangées très solubles dans l'eau, peu solubles dans l'alcool à froid, insolubles dans l'éther.

Le produit s'oxyde à l'air.

Dosage d'azote : $C_{14}H_{14}O_5N_3$ SNa. Poids moléculaire : 359,27.

0,1694 grammes de substance ont donné 17,4 cm^3 d'azote.

Température : 20°. Pression barométrique : 743 m/m.

Trouvé : 11,7 0/0.

Calculé : 11,67 0/0.

Une réduction de ce nitro a été opérée de différentes manières, mais nous n'avons pu isoler l'acide diphénylamine 2. amino 4. diméthylamino 4. sulfonique correspondant.

Lors de la réduction, on arrive à une solution limpide et incolore, qui contient certainement ce dérivé aminé, mais qui s'oxyde de suite en se colorant en bleu.

Nous avons essayé de préparer le piasélénazonium sans isoler le dérivé aminé. Nous réduisons le nitro par le zinc et l'acide chlorhydrique et versons directement la solution qui doit contenir le chlorhydrate dans une solution chaude d'acide sélénieux.

Dans ce cas, il y a encore coloration bleue de la solution; il est probable que l'oxydation se fait plus rapidement que la condensation avec l'acide sélénieux; celui-ci semble d'ailleurs favoriser cette oxydation.

ETUDE SPECTROPHOTOMETRIQUE

Technique.

La base technique des déterminations spectrophotométriques se ramène à la détermination du rapport de l'intensité I d'une radiation d'une certaine longueur d'onde, observée après sa sortie de la substance étudiée, à l'intensité I, que cette radiation possédait avant d'y pénétrer.

Les dispositifs utilisés consistent dans l'établissement de deux circuits contigus et simultanés (visible) ou successifs (ultra-violet), l'un passant à travers la solution étudiée, l'autre ne traversant que le solvant et placé à côté du premier pour servir d'étalon de comparaison.

Les mesures dans le visible ont été effectuées de λ 675 à 420 avec un spectrophotomètre GLAN, en suivant les indications de M. Vlès.

Pour l'absorption dans l'ultra-violet, la méthode employée est celle décrite par cet auteur, avec quelques modifications de détail introduites postérieurement dans l'appareil : le diaphragme rectangulaire agit sur la lentille collimatrice.

Ses côtés parallèles à l'arète du prisme, restent fixes pour ne pas changer la définition des raies; ses côtés perpendiculaires sont formés par des joues mobiles.

On prend deux séries entrecroisées de spectres, l'une avec la solution, l'autre avec le solvant seul, avec le même temps de pose, mais en variant progressivement et en sens inverse les intensités du flux lumineux pour chaque série, les variations photométriques du flux étant obtenues par variation de la surface du diaphragme rectangulaire. La série des spectres-témoins est faite avec des surfaces de diaphragme croissant en progression régulière depuis un minimum, la série avec la solution de la substance, au contraire, avec des surfaces décroissant depuis le maximum. Il est nécessaire que la comparaison soit faite avec des spectres étalons du dissolvant, la nature de celui-ci pouvant, le cas échéant, amener une perturbation photométrique qui nécessiterait une correction.

Il est facile de suivre l'évolution d'une raie d'un bout à l'autre. On constate des inégalités franches entre les noirs des deux portions continues de spectre adjacentes aux raies, inégalités qui diminuent pour arriver à un point où les deux plages spectrales présentent une égalité nette de noircissement. A ce point d'égalité, si S est la surface du diaphragme de l'étalon, S_0 celle employée pour le spectre de la substance étudiée, on conclut que

$$\frac{I}{I_0} = \frac{S}{S_0} = \frac{L}{L_0}$$

I est l'intensité de la radiation envoyée sur la cuve, I_0 l'intensité de cette radiation à la sortie, L et L_0 les longueurs des côtés variables du diaphragme. Le coefficient d'absorption est fourni d'après la loi de Beer par l'expression

$$I = I_0 10^{-kcl} \quad \text{d'où } K = \frac{\text{colog } L/L_0}{cl}$$

c étant la concentration de la solution, l l'épaisseur de la cuve en centimètres.

Le châssis contient des plaques de 6×24 susceptibles de recevoir vingt-deux poses superposées et contiguës. La source lumineuse est une lampe à mercure de 6 ampères 110 volts. La cuve de 1 cm. d'épaisseur est placée à distance fixe entre la lentille condensatrice et la fente.

L'appareil est réglé de façon à obtenir la plus grande netteté des clichés.

Nous avons employé une ouverture de fente de 0,08 millimètres et nous avons pris des poses de 15 secondes que nous avons mesurées au métronome.

La concentration correspondant à l'absorption la plus caractéristique a été déterminée dans des essais préliminaires; et, en faisant quelques variations de dilution autour du degré de concentration trouvé, nous avons été à même d'explorer les différentes régions dans lesquelles l'absorption a lieu.

La lecture des spectres se fait en tenant les plaques au-dessus d'un verre dépoli fortement éclairé en-dessous, et en identifiant les raies au moyen d'un étalon du spectre de l'arc de mercure placé à proximité et sur lequel les valeurs λ sont indiquées. Nous avons obtenu à chaque égalité de noircissement du spectre continu, une valeur de I/I_0, exprimée en colog, et qui nous a permis de calculer la constante K (exprimée en mol. gr, par ccm du solvant employé).

Le coefficient d'absorption des mesures que nous avons faites dans le visible avec le spectrophotomètre GLAN a été calculé avec l'expression mentionnée plus haut.

Les résultats ont été portés sur des graphiques en posant, comme ordonnées, les valeurs K calculées, et comme abscisses, les longueurs d'onde.

Nous avons étudié, d'une part, des solutions alcooliques de piasélénol, de phénazine et de chlorure de phénylpiasélénazonium; d'autre part, des solutions aqueuses de piasélénol, de chlorure de phénylpiasélénazonium et d'anhydrosulfo du paraoxyphénylpiasélénazonium.

Pour ce dernier, le spectre et la composition moléculaire varient avec la concentration des ions hydrogène. Il y a un virage jaune-vert à rouge pour un PH placé entre 5 et 6. De façon à nous éloigner suffisamment de ce virage, nous avons étudié ce corps d'une part à PH_2, et d'autre part à PH_9.

Pour être dans les mêmes conditions, nous avons étudié les solutions de piasélénol et de chlorure de phénylpiasélénazonium à PH_2.

Les solutions colorées rendent difficile la détermination du PH aux indicateurs; nous avons employé des solutions aqueuses d'acide chlorhydrique à PH_2 et de soude caustique à PH_9 dans lesquelles nous avons dissout les composés à étudier.

Les dilutions intéressantes étant, au maximum, 1 partie pour 10.000, le PH ne se déplaçait que très légèrement.

Il était d'ailleurs impossible de faire les mesures précises au potentiomètre, puisque, dans ce cas, les dérivés de piasélénazonium auraient été altérés.

La solution fraîche à PH_2 d'anhydrosulfo du paraoxyphénylpiasélénazonium est instable.

Cette solution est jaune ; mais au bout d'un temps assez court, apparaît une teinte verdâtre, puis peu à peu la coloration évolue pour donner un vert légèrement jaunâtre.

Cette transformation est accélérée par une élévation de température et l'action des rayons ultra-violets.

Une solution jaune laissée une heure à la lumière ultra-violette a déjà viré au vert.

Pour avoir des résultats comparables, les mesures spectrométriques ont été faites sur des solutions préparées depuis 45 minutes au maximum ; les clichés ont été commencés une fois par le haut et une fois par le bas ; la moyenne nous donne le résultat.

La solution verte est, au contraire, une solution jaune ancienne dont l'évolution est terminée.

La solution rouge est la dissolution d'anhydrosulfo du Paro oxy phényl piasélénazonium à PH_9.

Les valeurs numériques sont le résultat de valeurs moyennes souvent interpolées sur courbes.

Solution alcoolique de « Phénazine ».

λ	K .10⁶	λ		K .10⁶
257	7,2	350		7,2
260	4	359		8,1
262	2,5	364	Max.	8,6
270	0,8	370		7,2
275	0,4	377		5
295	0,2	380		3,6
315	0,9	390		2,2
330	2,4	400		1,3
335	3,7	410		0,2
343	5,4			

Solution alcoolique de « Piasélénol ».

λ	K	λ		K
228	26,4	310		25,6
235	24,2	315		32
239	18,3	320		46,1
245	14,6	325		52,7
250	11	330	Max.	54,9
261	4	335		43,9
269	2,8	339		36,6
277	2,7	343		25,6
286	3,7	345		20,5
295	6,9	355		10,6
300	11	365		2,7
305	18,3			

Solution alcoolique de chlorure de « Phénylpiasélénazonium ».

λ	K .10⁶	λ	K .10⁶
236	14,8	330	2,8
238	13,0	335	3,3
245	11,5	345	4,1
250	9,6	356	4,6
257	8,1	364	4,4
263	7	375	4,7
269	5,3	395	5,4
277	3,5	415	6
285	2,8	426 Max.	6,2
390	2,4	440	5,8
300	2,2	457	4,3
310	2,2	vers 480	3,2
320	2,4		

Solution aqueuse (PH2) de « chlorure de Phénylpiasélénazonium ».

226	16,0	290	3,6
231	13,5	296	3
236	11,3	298	2,4
238	9,1	301	1,8
245	6,5	311	1,9
250	5,3	315	3,4
254	5,2	322	4,1
258 Max.	5,4	335	7,1
267	4,5	340	8,5
278	4,2	347 Max.	8,7

λ	K .10⁶	λ	K .10⁶
355	8,5	445	1,2
357	6,6	450	1,0
360	5,0	460	0,5
362	3,6	476	0,2
376	2,5	496	0,1
400	2,1	522	0,04
439	1,5	569	0,02

Solutions aqueuses d'anhydrosulfo du Para oxy phényl piasélénazonium.

I) Solution jaune PH2.

250	10,4	336	9,6
256	8,5	340	10,5
258	8,4	348 Max.	11,4 ?
261 Max.	8,6	358	10,4
263	8,5	362	8,4
270	7,8	370	5,3
274	7,5	378	3,1
278	7,4	387	2,3
290	5,8	420	2,4
295	5,5	430 Max.	3,0
300	5,3	439	2,7
312	4,5	450 Max.	3,02
32 (0)	5,7	475	1,5
330	7,6	504	1,1

II) Solution verte PH2.

λ	K .10⁶	λ	K .10⁶
225	27,5	355	9,3
233	21,6	359	7,3
238	19,4	366	4,6
244	15,2	375	3,4
252	16,6	400	2,1
258 Max.	18,7	430	1,9
261	16,6	450	1,9
267	13,6	463	1,8
270	10,8	489	1,4
278	7,7	504	1,1
290 Max.	9,6	520	0,9
300	7,7	540	0,8
314	4,9	555	0,7
32 (0)	5,4	578 Max.	0,9
325	9,1	605	0,7
334	11,8	625 Max.	1,1
338 Max.	12	650	0,8
344	11,8	670	0,5

III) Solution rouge PH9.

Nota. — Cette solution n'obéit pas à la loi de Beer. Le spectre donné correspond à une concentration de 1 gr. pour 150.000.

215	28,1	290	30,8
220	29,4	295	20,4
222	32,6	300	9,9
228	34	311	7,2
231	36,3	32 (0)	5,4
234 Max.	43	334	3,2
236	40,7	348	2,3
238	37,1	360	1,2
24 (2)	31,7	376	1,1
245	27,2	445	0,4
250	26,3	456	0,5
256	29,4	469	0,66
260	31,3	475 Max.	0,7
263 Max.	31,7	482	0,64
267	30,8	496	0,6
272	32,6	532	0,5
278	35,3	569	0,4
283	37,1	596	0,3
286 Max.	38,5	630	0,1

TABLEAU COMPARATIF DES RÉSULTATS

SOLUTIONS ALCOOLIQUES						SOLUTIONS AQUEUSES									
Phénazine		Piasélénol		Chlorure de phénylpiasélénazonium		Piasélénol		Chlorure de phénylpiasélénazonium		Anhydrosulfo du paraoxyphénylpiasélénazoni					
										Sol. jaune (I		Sol. verte (II		Sol. rouge	
						(P.H : 2)		(P.H : 2)		(P.H : 2)		(P.H : 2)		(P.H :	
λ	$K.10^6$	λ	$K.10^6$	λ	$K.10^6$	λ	$K.10^6$	λ	$K.10^6$	λ	$K.10^6$	λ	$K.10^6$	λ	K
D) ?....	?	D) ≤ 230...	?			D) 230....	?	D) < 230...	?	D) < 240..	?	D) 258...	18,7	D) 234...	
								C) 258...	5,4	C) 261..	8,6			C) 263...	
								B) 290... (contrefort)	3,6			B) 290...	9,6	B) 286...	
A) 364...	8,6	A) 330...	54,9			A) 330....	?	A) 347...	8,7	A) 348..	11,4	A) 338...	12,0		
				D) (?) 356..	4,6										
				A) (?) 426..	6,2										
										F) 430..	3,0				
										G) 450..	3,02			475...	
										Contrefort à 625 provenant de traces de II →		F) 578...	0,9		
												G) 625...	1,1		

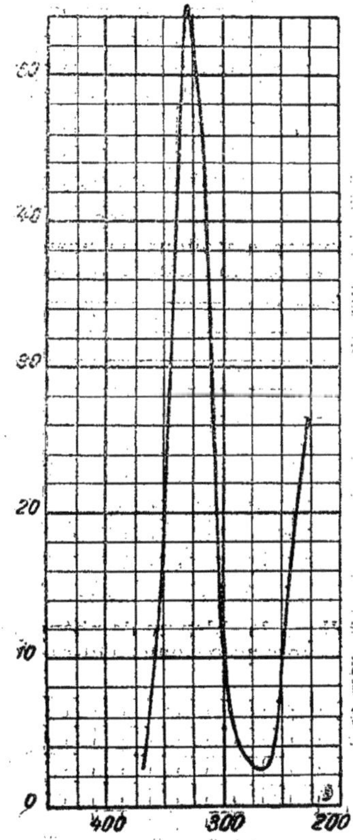

Solution alcoolique de piasélénol :
absorption dans l'ultra-violet.

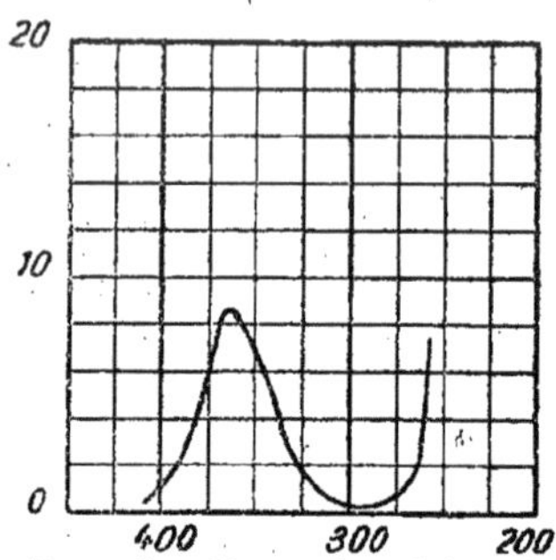

Solution alcoolique de phénazine : absorption dans l'ultra-violet.

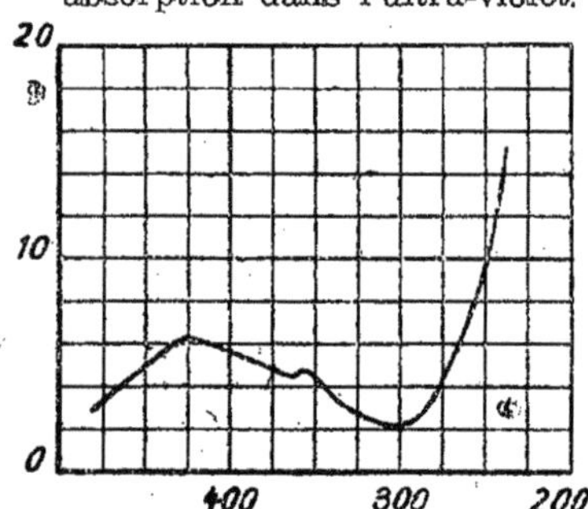

Solution alcoolique de chlorure de phénylpiasélénazonium : absorption dans l'ultra-violet.

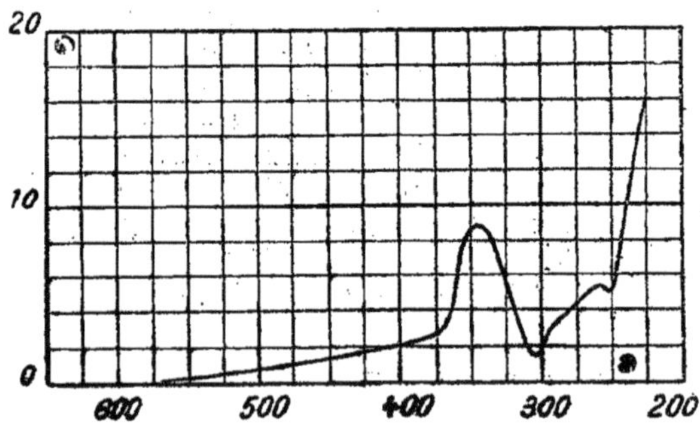

Solution aqueuse de chlorure de phénylpiasélénazonium (PH : 2)

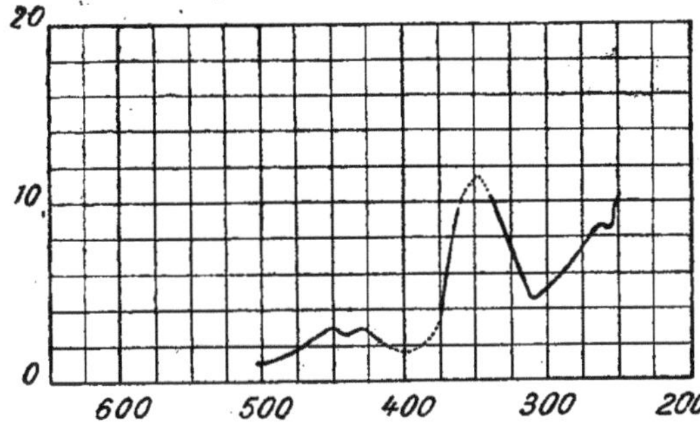

Solution aqueuse d'anhydrosulfo du paraoxyphényl-piasélénazonium (PH : 2; solution jaune).

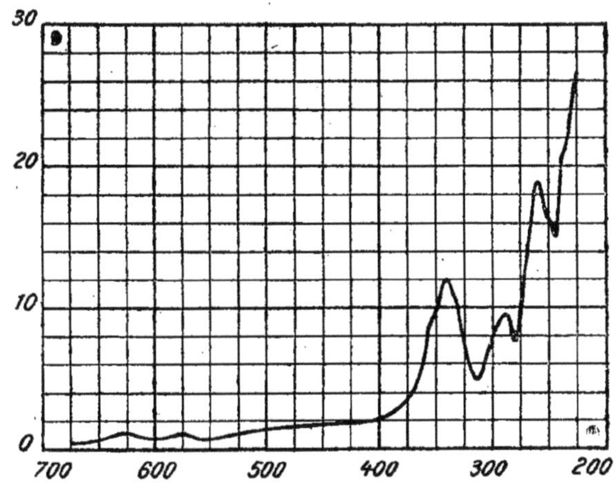

Solution aqueuse d'anhydrosulfo du paraoxyphényl-piasélénazonium (PH : 2; solution verte).

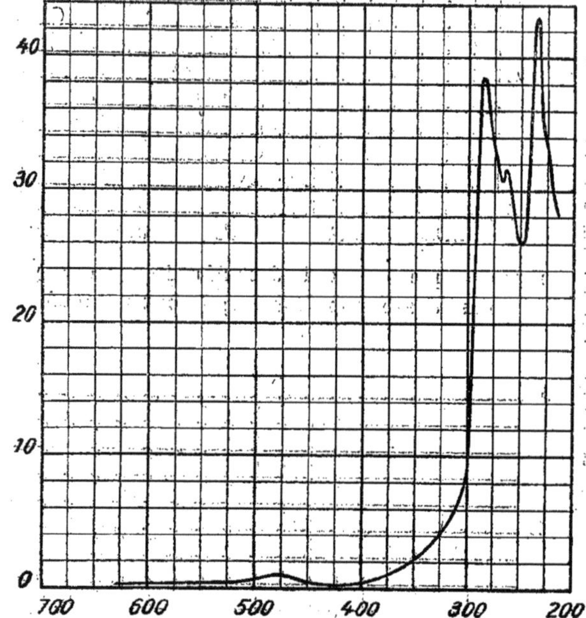

Solution aqueuse d'anhydrosulfo du paraoxyphényl-piasélénazonium (PH : 9; solution rouge).

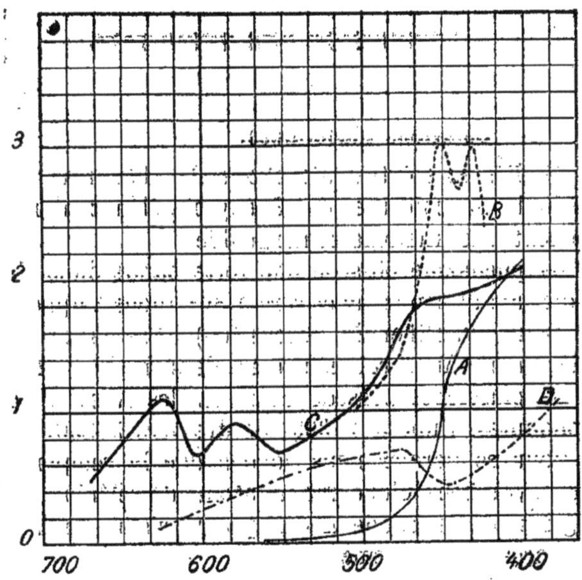

Absorption dans le visible :

A : Sol. aq. du chlorure de phénylpiasélénazonium ;

B : sol. jaune | d'anhydrosulfo du paraoxyphénylpiasélénazonium.
C : Sol. verte |
D : Sol. rouge |

DISCUSSION DES RESULTATS

Solutions alcooliques.

Etudiés en solution alcoolique, la phénazine, le piasélénol, le chlorure de Phénylpiasélénazonium présentent une analogie remarquable.

La phénazine possède une forte bande dans l'ultraviolet ayant son sommet vers λ 364 (nous l'appellerons A pour simplifier la discussion). Une autre bande (dénommée D) serait située en dessous de λ 250.

Le piasélénol possède deux bandes A et D correspondantes, l'une à λ 330, l'autre vers λ 230.

Pour ce dernier nous voyons que le remplacement du noyau benzénique par un atome de sélénium éloigne légèrement la bande A du spectre visible mais en la renforçant sensiblement.

Pour le chlorure du Phénylpiasélénazonium nous trouvons deux bandes situées vers λ 426 et λ 356. Il est à supposer que nous sommes en présence des bandes A et D qui auraient été rapprochées du spectre visible en même temps que leurs valeurs auraient diminué.

Solutions aqueuses.

Un examen rapide d'une solution aqueuse de piasélénol nous permet de déterminer la présence de deux bandes A et D à λ 330 et λ 230 sans nous prononcer sur leurs valeurs. Le spectre d'absorption du piasélénol en solution aqueuse est donc caractérisé par deux bandes dont les sommets se trouvent placés aux mêmes longueurs d'ondes que les sommets des bandes obtenues avec la solution alcoolique.

Pour le chlorure du phénylpiasélénazonium le spectre varie avec le PH, nous l'avons étudié à PH2.

Dans ce cas les deux bandes A et D sont déplacées, la première étant à λ 347, la seconde sortant de la partie étudiée, est située en dessous de λ 230.

De plus apparaît une nouvelle bande C pour λ 258 et un léger contrefort de bande pour λ 230.

Nous avons étudié l'anhydrosulfo du paraoxyphénylpiasélénazonium.

Cette étude a été rendue complexe par suite des transformations diverses qui se produisent dans les solutions. Une solution fraîche à PH_2 est colorée en jaune. Une solution ancienne est verdâtre.

D'autre part une solution à PH_9 est colorée en rouge. Si nous comparons les spectres obtenus avec ces trois solutions nous notons les bandes suivantes :

Solution jaune (P H 2)		Solution verte (P H 2)		Solution rouge (P H 9)	
Bandes D	240	Band s D	225	Bandes D	234
C	261	C	258	C	2[illegible]3
A	348	B	230	B	286
F	430	A	338	Un contrefort de bande à 475.	
G	450	F	578		
		G	625		

Un léger contrefort de bande à 625 résultant d'une trace du produit vert.

La solution jaune est assez instable, malgré toutes les précautions, il semble donc qu'il soit impossible de ne pas avoir en même temps que la forme jaune des traces de la forme verte et même de la forme rouge.

Si nous nous en rapportons aux courbes, nous voyons que les bandes C et B très faibles, et variables d'un échantillon à l'autre pour la solution jaune, sont accentuées pour les formes verte ou rouge.

Nous en déduisons que pour la forme jaune, ces bandes sont engendrées par la présence de traces des deux autres formes.

Pour la solution verte, le spectre présente une grande analogie avec ceux de la forme jaune et du chlorure de phénylpiasélénazonium. C'est évidemment un corps de la même famille, il est d'ailleurs probable que c'est le produit d'hydrolyse de la forme jaune ; il est, en effet, difficile d'imaginer que la forme jaune représentée comme sel interne puisse résister à l'action hydrolysante d'une solution d'acide chlorhydrique à PH2.

Dans ce cas, la forme verte serait représentée par

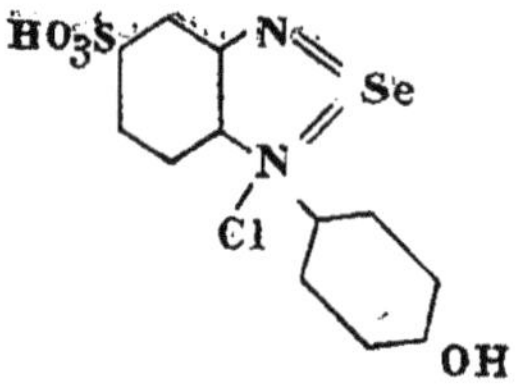

HO_3S N Se N Cl OH

La forme jaune étant

O_2S N Se N O OH

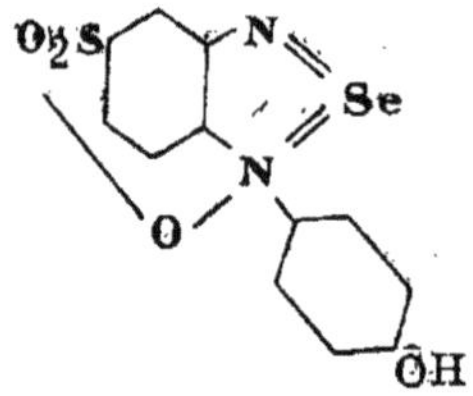

Par contre, pour la forme rouge, le spectre notablement différent par l'absence de la bande A représente un corps d'une autre famille.

Alors que nous espérions trouver le spectre de la base

hydroxyde, nous sommes obligés de considérer que la scission étudiée dans la partie expérimentale de ce travail a déjà eu lieu.

Le spectre obtenu serait donc celui du diphénylamine 4. oxy 2'. amino 4'. sulfonate de sodium en présence de sélénite de sodium.

Au point de vue constitution, nous notons, en somme, la présence de la bande A dans tous les cas examinés sauf le dernier. Aussi nous semble-t-il que cette bande soit liée au système

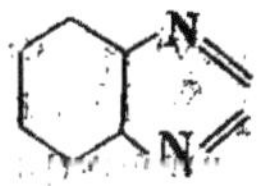

La bande B, que nous ne trouvons que pour les solutions vertes et rouges obtenues en partant de l'anhydrosulfo du paraoxyphénylpiasélénazonium, paraît être liée à la libération du groupement sulfonique déterminant une dissociation différente de la molécule.

Les bandes F et G, particulières aux formes jaune et verte dérivant de l'anhydrosulfo du paraoxyphénylpiasélénazonium paraissent engendrées par le remplacement du groupement phényl par un groupe phénolique. lique.

En conclusion, nous tirons de ces essais un nouvel argument pour donner au chlorure de phénylpiasélénazonium, à ses dérivés, à la phénazine et au piasélénol, des constitutions analogues. Comme nous avons donné aux sels de piasélénazonium la formule avec un sélénium tétravalent, nous donnerons donc une formule analogue au piasélénol et, en remplaçant le sélénium par un noyau benzénique, à la phénazine.

TABLEAU DES COMPOSÉS NOUVEAUX DÉCRITS DANS CE TRAVAIL

Perchlorate du piasélénol.
Chlorure du phénylpiasélénazonium.
Chlorure du phényl 4. chlorepiasélénazonium.
Chlorure du phényl 4. nitropiasélénazonium.
Chlorure du naphtyl 4. nitropiasélénazonium.
Chlorure du paraoxyphényl 4. nitropiasélénazonium.
Anhydrosulfo du phénylpiasélénazonium.
Anhydrosulfo du paraoxyphénylpiasélénazonium.
Hydroxyde du paraoxyphényl 4. sulfonate de calcium piasélénazonium.
2 Benzoylamino 4. aminodiphénylamine.
Acide diphénylamine 2. nitro 4'. oxy 4. sulfonique.
Acide diphénylamine 2. amino 4'. oxy 4. sulfonique.
Acide diphénylamine 2. nitro 4'. diméthylamino 4. sulfonique.

Les Presses Universitaires, Imp. — Paris

www.ingramcontent.com/pod-product-compliance
Ingram Content Group UK Ltd.
Pitfield, Milton Keynes, MK11 3LW, UK
UKHW022118260726
13993UKWH00003B/1085